일흔, 나는 자전거와 사랑에 빠졌다

일흔, 나는 자전거와 사랑에 빠졌다

은퇴한 70대 누런콩의 2,239km 국토완주기

초 판 1쇄 2025년 05월 26일

지은이 민창현
펴낸이 류종렬

펴낸곳 미다스북스
본부장 임종익
편집장 이다경, 김가영
디자인 임인영, 윤가희
책임진행 이예나, 김요섭, 안채원, 김은진, 장민주

등록 2001년 3월 21일 제2001-000040호
주소 서울시 마포구 양화로 133 서교타워 711호
전화 02) 322-7802~3
팩스 02) 6007-1845
블로그 http://blog.naver.com/midasbooks
전자주소 midasbooks@hanmail.net
페이스북 https://www.facebook.com/midasbooks425
인스타그램 https://www.instagram.com/midasbooks

ISBN 979-11-7355-238-0 03980

값 20,000원

미다스북스는 다음세대에게 필요한 지혜와 교양을 생각합니다.

은퇴한 70대 누런콩의 2,239km 국토완주기

아흔,

나는 자전거와
사랑에 빠졌다

민창현 지음

미다스북스

4장 낙동강 물결 속에서 삶을 돌아보다 : 국토종주 2

5장 영산강과 섬진강에서 만난 화합과 평화 : 4대강종주 1

6장 서해로 향하며 다시 이어진 여정 : 4대강종주 2

*일러두기

1. 본 책의 내용은 2023년 11월에 완료한 저자의 대한민국 자전거 길 국토완주(그랜드슬램) 경험을 바탕으로 작성된 것으로, 소개된 코스, 식당, 버스/열차 시간 관련 정보는 실제 라이딩 당시의 정보로 일부 변동이 있을 수 있습니다.

2. 자전거로 간 코스 및 장소는 카카오맵을, 차로 방문한 장소는 네이버맵을 사용하였습니다.

3. 출발과 도착 장소 간의 거리는 ㎞로, 소요 시간은 h(시간)와 m(분)으로 표기하였습니다.

4. 코스와 장소에는 QR코드를 만들어 붙여 놓았으며, 핸드폰의 QR코드 리더나 스마트 렌즈로 인식시키면 해당 정보가 바로 핸드폰에 뜨며, 경유지를 포함한 코스를 확인 할 수 있습니다.

5. 현지에서 실행시키면, 맵의 코스 안내에 따라 바로 주행이 가능합니다.

6. 책을 읽어 가면서 현지의 생생한 느낌을 맛 볼 수 있도록 '영상QR'도 삽입해 놓았습니다. '영상QR'을 QR코드 리더나 스마트 렌즈로 인식시키면 원하는 영상을 바로 볼 수 있습니다.

7. 'QR'과 '영상QR' 두 개가 나란히 위치해 있는 경우, 핸드폰 카메라를 페이지 왼쪽에서 또는 오른쪽에서 QR코드 쪽으로 움직여 인식시키면, 보고자 하는 QR코드를 정확하게 볼 수 있습니다.

8. 경사도 : 도로의 기울어진 상태를 표기하는 방법의 하나로, 오르막 경사도 10%라면 100m를 가면 고도 10m를 올라간다는 뜻입니다. 또 다른 도로 기울기 표기 방법인 경사각과는 다릅니다. 경사도 7%인 경우 경사각은 5.7도입니다.

9. 〔7장〕의 표시 거리는 '트랭글'에 기록된 실주행 거리이며, 카카오맵에 표시된 구간별 거리의 합과는 일부 차이가 있을 수 있습니다.

[표기 및 띄어쓰기에 관한 건]

10. 국토교통부와 행정안전부가 공동으로 발행한, 자전거 국토완주 스탬프 수첩인 '국토종주 자전거길 여행'은 '국토완주(그랜드슬램)', '국토종주', '4대강종주' 그리고 '구간별종주'로 4가지 달성 단계로 분류해 놓았는 바, 이 표기를 그대로 사용합니다. 아울러, '동해안종주', '제주도종주', '북한강종주', '영산강종주', '섬진강종주', '낙동강종주'도 같이 붙여쓰기를 사용합니다.

11. 지명, 상호의 표기 및 띄어쓰기는, 기행 에세이인 본 저서 특성을 감안하여 지도상 표기(특히 카카오맵)를 우선합니다.

12. 행정 지명이나 지도 상에 나오는 공식 명칭은 '붙여쓰기'를 적용합니다. (예 : '동해안자전거길', '통일전망대', '북천철교', '추암촛대바위', '망사해수욕장', '봉포해변', '기사문등대', '포항폐철도근린공원', '형산강자전거길', '안강중앙로', '효자교회', '아라한강갑문', '제주항' 등)

13. '자전거 길'이 지명 뒤에 붙어 나오는 경우, 지도상에 붙여쓰기가 되어 있는 것은 '자전거길' 그대로 사용합니다. (예 : '동해안자전거길', '낙동강자전거길', '금강자전거길', 포항도시숲자전거길'). 그 외 지도 상에 등재가 안 된 것과 일반적인 표현은 '자전거 길'로 표기합니다. (예 ; '오천·금강 자전거 길', '우리나라 자전거 길')

14. '인증센터'도 지도상 표기대로 붙입니다. 단, 지명 + 인증센터의 경우, 두 단어 사이는 띄웁니다. (예 : 신매대교 인증센터)

일흔의 '청춘'으로 저어 가는 자전거

20년 전쯤이었을까, 세상이 처음 '블로그'를 만난 순간을 기억한다. 낯설고 새로운 공간이었다. 네이버에서 블로그라는 장을 펼쳐 놓자, 사람들은 흥미와 기대 속에서 그곳으로 몰려들었다. 익명성의 베일 뒤에서 일상을 나누고 생각을 공유하는 일이 신선했고, 나는 그 신선함에 매료되어 호기롭게 블로그 계정을 만들었다. 그러나 그 시절 나에게 블로그란 잠시 스쳐 가는 호기심 같은 존재였다. 계정을 만들고는 딱 거기까지였다. 처음의 호기심은 일상의 분주함 속에 묻혀 갔고, 블로그는 어느새 나의 기억 저편에 놓았다.

시간은 빠르게 흘러갔다. 인생 1막을 마무리하고 퇴직을 맞이한 후, 비로소 나를 돌아볼 기회를 갖게 되었다. 도서관에서 책을 읽고 강좌를 들으며 쌓여 있던 호기심의 갈증을 채우기 시작했다. 미술, 음악, 역사, 시, 수필 등 그동안 눈길을 주지 못했던 다양한 분야가 나의 관심과 열정의 영역이 되었다. 그중에는 핸드폰 사용법에 관한 강좌도 있었다. 커리큘럼에 블로그 활용법이 포함되어 있었고, 불현듯 20년 전에 만들어 두었던 내 블로그가 떠올랐다. 그때는 별생각 없이 흘려보냈던 블로그라는 공간이 이번에는 가까이 다가왔다. 강사의 권유로 한 달 동안 매일 한 편의 글을 올리는 '블로젝트'에 도전하기로 했다. 그렇게 2020년 12월, 블로그와 나의 이야기가 새롭게 시작되었다. 한 달간 매일 글을 올리는 작은 도전을 끝내고 나니, 어느새 이 글쓰기가 나의 일상이 되어 있었다. 자전거 라이딩, 블로그 글쓰기는 그때부터 나의 삶에 녹아들어 갔다. 블로그는 이제 내 삶의 작은 기록장을 넘어, 타인과 소통하는 통로로 변모했다.

매일 블로그에 방문해 이웃들이 남긴 댓글을 확인하고 답글을 남기며 나만의 작은 커뮤니티를 형성해 갔다. 익명의 공간이지만, 그 안에서 나누는 짧은 대화와 공감의 한마디가 쌓이면서 나는 블로그의 매력을 더 깊이 느끼게 되었다. 나이가 들어가면 오프라인에서의 만남과 교류는 자연스럽게 줄어들게 마련이다. 그러나 블로그는 그 공백을 메우며, 새로운 방식의 관계를 가능하게 해 주었다. 자전거 라이딩 기록 역시 이 공간에 꾸준히 남기며 언젠가 다시 돌아볼 나만의 작은 여행 일지로, 또 취미를 공유한 분들을 위한 정보로 남기기 시작했다.

자동차를 타고 떠나는 여행에서는 풍경이 유리창 너머로 흐르고, 모든 것이 눈앞을 스쳐 지나갈 뿐이다. 속도가 빠른 만큼 많은 곳을 방문할 수 있지만, 도로에서 벗어난 곳에는 쉽게 접근할 수 없다. 반면 도보 여행은 풍경을 더 오랫동안 눈에 담을 수 있지만, 이동이 더디어 길 위의 시간이 무겁게 느껴질 때도 있다. 자전거는 이 두 가지 장점을 모두 품고 있다. 자동차보다는 접근성이 좋고, 걸을 때보다 이동이 빠르고 수월하다. 자전거를 타고 피부로 느끼는 바람은, 유리창 너머로만 보던 세상을 내 몸이 직접 느끼게 해 준다. 마치 누군가의 이야기를 책으로 읽는 것과, 그 이야기를 내가 직접 경험하는 것만큼의 차이이다.

내 버킷 리스트에는 오래전부터 하나의 꿈이 자리 잡고 있었다. 바로 일흔에 자전거로 국토를 완주하는 것이었다. 2021년 초여름, 마침내 그 서막이 열렸다. 나의 영원한 자전거 라이딩 메이트 K와 함께였다. 우리는 푸른 동해안 자전거길을 따라 통일전망대에서 울산까지, 파도에 밀려 내오듯 달렸다. 한 달쯤 뒤, 자전거 라이더들의 로망인 인천 정서진에서 낙동강하굿둑까지, 국토종주를 위한 대장정을 시작했다. 삼복더위가 무겁게 다가왔지만, 그 뜨거운 태양 아래에서 우리는 서로를 응원하며 페달을 밟았다. 그렇게 국토종주를 마치고 나니, 몸과 마음에 새로운 자신감과 성취감이 자리했다.

그 후로도 울산에서 부산까지, 또 4대 강을 따라 이어지는 코스와 제주도 자전거 길을 차례로 도전하며, 국토완주의 꿈을 서서히 현실로 만들어 갔다. 2023년 11월, 북한강자전거길을 마지막으로 마침내 꿈에 그리던 '그랜드슬램'을 달성했다. 그 과정에서 코로나라는 뜻밖의 복병도 만났지만, 그토록 소망하던 목표를 이룰 수 있었던 순간, 나는 내 삶의 한 페이지가 완성되는 벅찬 감정을 느꼈다.

어느 아침, 내 블로그에 달린 댓글을 확인하던 중, 책 쓰기에 관한 이야기가 눈에 들어왔다. 자신의 책을 소개하며 함께할 사람을 찾는 한 이웃의 글이었다. 그 글을 계기로 『8주에 끝내는 책 쓰기』의 저자 최영원 작가를 알게 되었다. 오래전부터 품어 왔던 생각이 떠올랐다. 일흔의 나이에 이룬 국토완주라는 기록을 책으로 남기면 좋겠다는 생각이었다. 이 만남을 계기로, 나는 자전거 국토완주에 관한 기록을 정리해 보기로 마음먹었다.

나이가 들면 누구나 마음과 몸이 움츠러들기 마련이다. 그러나 나는 그렇게 삶을 저물게 하고 싶지 않았다. 여전히 세상은 광활하고, 내 안의 열정은 끝나지 않았기에, 노화를 지연시키는 가장 좋은 방법은 스스로 활발한 활동을 이어가는 것이라고 믿었다. 내 도전이 누군가에게 작은 용기라도 줄 수 있기를 바라며, 책을 쓰기 시작했다.

책 쓰기 프로젝트에 함께한 동기 작가들로부터 많은 영감을 받았다. 그중에는 우리나라 '중위 나이'(전체 인구의 평균 나이)에 대한 이야기도 있었다. 생활환경과 의료 기술의 발달로 평균 수명이 길어지면서, 인구의 중위 나이가 점차 높아졌다는 것이다. 한 방송인의 설명에 따르면, 30년 전 중위 나이는 29세였지만, 지금은 46세로 크게 변했다고 한다. 그렇다면, 우리는 지금 몇 살인가? 몇 살의 나이에 맞는 인생을 살아야 할 것인가? 60세인 사람은 43세로, 아직 50에도 한참 먼 청춘이다. 70세인 사람도 53세의 푸르디 푸른 청년이다. 지금의 나이를 잠시 잊어버리고, 잃어버린 청춘을 되찾아 보려 한다. 17년의 세월을 걷어 내고 나이의 숫자가 아닌, 마음이 이끄는 대로의 삶을 새로 발견하고 싶다. 이 여정 속에서 내 안의 청춘을 되찾고, 다시금 그 열정과 용기를 찾아내기를 바라는 것이다. 사무엘 울만의 시 「청춘」의 한 구절로, 이 책을 열어 가고자 한다.

"영감이 끊기고 정신이 냉소의 눈으로 덮이며 비탄의 얼음에 갇힐 때, 그대가 비록 스무 살일지라도 노인이라네. 하지만, 가슴속 안테나를 높이 세우고 희망을 품고 있는 한, 그대가 비록 여든 살일지라도, 죽는 그날까지 청춘이라네."

은퇴 후 자전거 위에서
다시 꿈꾸다

: 동해안종주 1

1장

두 바퀴로
청춘을 다시 찾다

나의 자전거 시대

안경점에서 연락이 왔다.

"고객님, 응모권이 당첨되었습니다. 오셔서 자전거를 받아 가시기 바랍니다." 새 안경을 맞추러 갔더니 추첨권을 하나 주면서 연락처를 써내라고 했다. 나중에 당첨되면 연락이 갈 거라고 덧붙였다. 추첨은 나와는 연이 없는 일이다. 평생 만 원짜리 복권도 당첨된 적이 없었다. 그냥 잊고 있었는데 이게 웬 떡인가 싶었다. 내게도 이런 행운이 오다니. 얼른 달려가서 자전거 한 대를 받아왔다. 가까운 거리에 타기에 알맞은 신사 자전거였다. 어릴 때부터 자전거는 띄엄띄엄 타 왔지만, 이것이 자전거와 가까워지는 계기가 되었다. 주말에 시간 날 때마다 가까운 태화강 둔치로 자전거를 몰고 나갔다. 조금만 타도 엉덩이와 다리가 아팠다. 중년 이후로는 먹고사는 일에 몰두하느라 운동을 하지 못한 탓에 다리 근육이 시들었기 때문이었다.

회사 초년 시절 어느 주말, 뜬금없이 자전거를 빌려 경주로 향했다. 시간이 흐른 지금도 자전거로 달려보면 울산에서 경주까지는 가까운 거리가 아니다. 그런데 겁도 없이 라이딩을 가자고 동료를 꼬드겼다. 오랜만에 탄 자전거라 그랬는지 중간쯤 가다가 사타구니와 엉덩이가 아파서 돌아와야 하는 상황이 벌어졌다. 걸음을 제대로 걷지 못해 며칠을 오리걸음으로 다녀야만 했다. 그 후로는 자전거로 먼 거리 갈 엄두를 아예 내지 못했다. 한동안 내 자전거 라이딩 반경은 수 km를 넘지 않았다.

정년퇴직을 했다. 시간이 나자, 노년의 건강을 지키기 위해 운동을 다시 시작해야겠다고 마음먹었다. 그때 마침 허리도 고장 난 상태였다. 물리 치료실, 침 시술소, 지압 교정소, 한방 병원 등 열 달 동안 병원 순례를 했다. 치료하러 가는 곳마다 빠지지 않고 권고한 것은 운동이었다.

선배 중 자전거 마니아가 있었다. 자전거가 허리에도 좋고 전반적인 건강 관리에 좋다는 이야기를 하며 자전거 타기를 적극 권유해 왔다. 귀가 솔깃했으나 다리 힘도 부쳤고 내 것은 신사 자전거라 멀리 가기 힘들다고 이야기했다. 그렇다면 좋은 방법이 있다며 본인이 얼마 전 샀다는 전기 자전거를 소개했다. 이것이면 힘을 덜 들이고도 멀리 갈 수 있겠다는 생각이 들었다. 마음이 동하여 바로 장만했다. 정말 새로운 세상이었다. 내 신사 자전거와는 비교가 되지 않을 정도로 힘이 덜 들었다. 가고 싶은 곳에 재빠르게 데려다준대서 이름도 '쌩쌩이'라고 지어 주었다. 칠순을 목전에 둔 늦은 나이에 새삼 무슨 자전거냐는 우려와 핀잔의 소리도 들었지만, 나의 자전거 시대는 그렇게 열려 갔다.

구입할 때는 가까운 도서관이나 다닐 요량으로 바퀴가 작은 자전거를 택했으나 타다 보니 그게 아니었다. 늘어 가는 라이딩 거리에 재미를 붙여 거의 매일 30-40㎞ 정도를 타게 되었다. 나날이 발전하여 왕복 80㎞ 거리인 석남사도 가고 경주로, 강동 바닷가로, 가고 싶은 곳을 마음대로 휘젓고 다녔다. 거기에다, 퇴직 후 수년간 자전거를 타 베테랑이 된 40년 지기 후배 K가 자주 동행하기 시작하면서 자전거 사랑에 불이 붙기 시작했다.

몸에는 놀랄 만한 변화가 일어났다. 완전히 사라지지 않던 허리 통증이 서서히 줄어들기 시작했다. 1년 넘도록 물리치료 받으러 다녔던 어깨 통증도 완화되어 치료를 중단했다. 자전거는 나이 든 사람에게 위험한 운동이라며 한사코

말리던 아내도 믿기 힘든 변화를 직접 눈으로 보고는 입을 다물었다. 창 너머로 보던 경치가 내 가슴으로 느껴지고 바람이 손으로 만져졌다. 자전거만 몰고 나가면 희열 속에 빠졌다. 여태까지 경험하지 못했던 세상의 색다른 느낌을 맛보았다. 자연의 아름다움에도 몰입하게 되어 태화강의 사계와 야경을 빠짐없이 사진에 담았다.

모든 시작은 힘들다. 자전거도 출발에는 많은 힘이 필요하다. 비틀거리는 자전거의 중심을 잡기 위해서는 어느 정도 속도를 붙여야 하기 때문이다. 출발만 하고 나면 서서히 가속도가 붙어 힘은 점점 덜 들게 된다. 우리 삶도 마찬가지다. 시작에는 용기가 필요하고 가속을 붙여 중심을 잡는 데는 꾸준한 노력이 필요하다. 이제 가속도가 붙었다. 몸 컨디션이 안 좋다 싶을 때 자전거만 타고 나면 만사 OK다. 자전거 라이딩은 나의 원기 회복제가 되었다. 자전거 예찬가가 저절로 나올 정도로 자전거에 대한 사랑은 날이 갈수록 깊어졌다. 자전거 사랑의 불이 훨훨 타올라 우리나라 방방곡곡을 누비는 그날을 꿈꾸게 되었다.

「자전거 예찬」

차창 너머
오월의 해맑음엔
바람이 없다

차창 너머
유월의 푸르름엔
향기가 없다

창 없는

자전거엔
세상의 바람과
향기가 흐른다

나는,
자전거 세상이
하늘만큼
땅만큼이나
좋다

"청년이라도 꿈이 없으면 노인이요, 노인도 꿈이 있으면 청년이다."

사이클과 저자

첫 페달을 밟으며
: 통일전망대

2

드디어 떠난다! 꿈의 첫발을 내디디며

어디서부터 시작해야 할까. 지도를 펼치고, 우리나라 자전거 길에 대한 탐색에 나섰다. 초여름, 바다 내음이 코끝을 스칠 때면 시원한 해안 길이 제격일 것이다. 그중에서도 풍광이 아름답기로 소문난 동해안자전거길에서 우리의 꿈에 첫 단추를 채우기로 한다. '통일전망대에서 울산까지', 남쪽으로 향하는 종주 여정이다. 이전에 호미곶까지 1박 2일 라이딩을 하며 K와 함께 의논해 6월 하순을 출발일로 잡았다. 운이 좋게도 예보된 비는 단 하루뿐. 예정대로 출발하기로 한다.

2021
06/19 (토) | 발 11:45 울산 → 5h 45m(버스) 착 17:30 강릉

우리의 출발점은 통일전망대. 그러나 울산에서 바로 닿을 수 있는 버스가 없다. '울산~속초' 노선마저 코로나로 멈추었기에, 거진까지 가는 시외버스가 최선이다. 결국, 울산에서 강릉을 거쳐 거진까지는 버스로, 거진에서 통일전망대까지는 자전거로 이어 가는 여정이 완성됐다. 늦은 밤 거진에 닿게 되니, 이 구간은 다음 날 아침에 출발하기로 계획을 세워 놓았다. '울산~강릉' 버스는 '버스타고' 사이트에서 예매하였으나 '강릉~거진'은 인터넷 예매가 안 되는 구간이

다. 성수기가 아니라서 강릉 도착해서 표를 구하는 데 별 문제가 없을 것이다.

　여행이란 늘 가슴을 뛰게 한다. 마치 소풍 전날 밤처럼 설렘에 잠을 설치며, 동해의 푸른 바다와 맑은 바람, 눈부신 풍경들을 꿈속에서 미리 그려 본다. 아침 일찍 터미널에 도착하니, 11:30에 만나기로 했던 K가 벌써 먼저 와 있다. 꿈과 설렘으로 가득 찬 우리의 버스는 드디어 동해를 향해 나아간다. 칠보산휴게소에 들러 늦은 점심으로 김밥과 달걀을 먹는데, 첫 장거리 라이딩에 대한 기대감으로 가슴이 설렌다. 마치 한 폭의 그림 같은 초여름 동해안의 풍광들을 가슴에 담고 사진으로 남기며 국도 7호선을 따라 올라간다. 이 도로는 부산 중구 옛 시청 교차로에서 강원도 최북단 고성의 금강산휴게소까지 동해안을 따라 뻗어 있는데 총 거리는 493㎞이다. 통일이 되면 러시아를 거쳐 벨라루스까지 연결될 AH6로 표기되는 1,192㎞의 아시안 하이웨이 6호선의 일부다.

왕피천과 울진은어다리

　일흔, 나는 자전거와 사랑에 빠졌다

울진의 왕피천 위에 반짝이는 울진은어다리가 눈앞에 펼쳐진다. 은빛 비늘을 자랑하는 은어들이 물속에서 춤추는 듯하다. 나중에 우리는 저 은어의 입속으로 뛰어들었다가, 꼬리로 빠져나오는 여정을 맞게 될 것이다. '국토종주(고성) 동해안자전거길'이라는 표지판이 눈에 들어오니 매우 반갑다. 내일이면 저 표지판을 나침반 삼아 힘찬 동해 바다 파도의 거친 숨소리를 쫓으며 하루 종일 내달릴 것을 생각하니 가슴이 두근거린다.

삼척을 지나자 예상치 못한 비가 내린다. 많지는 않지만, 괜히 마음이 쓰인다. 다행히 곧 그친다. 사계절의 변화가 뚜렷한 우리나라에서는 계절마다 다른 풍광을 즐길 수 있어 참으로 복받았다는 생각이 든다. 열대나 한대 지방처럼 같은 풍경만 보고 살아야 한다면 삶이 얼마나 지루할 것인가. 아, 아름다운 우리 금수강산이여!

발 19:43 강릉　　　→ 1h 40m(버스)　　　착 21:20 거진

강릉 도착 후 터미널 인근 식당에서 강원도 옥수수 동동주를 곁들여 강릉식 뼈다귀탕으로 저녁을 해결한 후, 거진행 버스 승차장으로 간다. 내일의 대장정에 나설 우리 애마들도 바퀴가 분리되어 몸체에 묶이고, 허리를 접은 채 바닥에 편히 누워 버스를 기다리고 있다.

예정 시간보다 조금 일찍 거진에 도착한다. 오랜만의 장거리 버스 여행이었지만, 생각보다 피곤하지 않은 걸 보니 컨디션이 좋은 듯하다. 며칠 전만 해도 맑은 날씨라더니, 이제는 일요일 오후부터 화요일 오전까지 비 소식이 있다. 대망의 국토완주 첫걸음을 앞두고 비가 제발 비껴가기를 간절히 바라며, 깊은 잠에 빠져든다.

대장정의 시작

이제 동해안의 푸른 지도를 옆에 펼치고, 두 바퀴로 떠나는 바람의 여정을 함께 시작해 보자!

2021 06/20 (일) | 발 07:40 거진 → 13㎞ / 40m 착 08:20 통일전망대 인증센터

(좌)QR 1-2-1 감나무집시골밥상 → 통일전망대 인증센터 / (우)영상QR 1-2-1 거진 - 통일전망대 가는 길

숙소 인근 '감나무집 시골밥상'의 아침 정식에 나온 아욱국이 너무 맛있다. 냄비 바닥에 구멍이 날 정도로 달달 긁어 아욱을 모두 건져 먹는다. 밥도 고봉이다. 오늘부터 자전거 종주를 한다고 하니 아침을 든든히 먹고 힘내라는 주인장의 응원이다. 배도 든든히 채웠겠다, 페달을 힘차게 밟으며 통일전망대로 내달린다. 하늘은 연푸른 물감을 풀어 놓은 듯 구름 한 점 없이 맑고, 푸른 바다도 잔잔한 파도만 오간다. 우리의 장도를 조용히 축하하는 듯하다. 길가에 드문드문 서 있는 캠핑카들은 아침 햇살을 이불 삼아 꾸벅꾸벅 졸고 있다. 무척이나 한가한 분위기다. 내 마음도 새털처럼 가벼워진다.

출발점인 통일전망대 인증센터에 도착한다. '국토종주 자전거길 여행' 수첩에 첫 스탬프를 쾅 하고 힘차게 찍는다. 이 소리가 우리의 긴 여정이 시작되었음을 알리는 팡파르 소리처럼 들린다. 고향을 코앞에 두고도 갈 수 없는 실향민들의 아린 마음이 떠오른다. 이들에게 북녘 하늘은 늘 멀고도 아득한 그리움이다. 통일의 그날이 언제 올지는 알 수 없지만, 체제가 다른 두 사회가 하나가 되기까지는 생각보다 더 긴 시간이 필요할지도 모른다. 우리도 북한 땅을 맨눈으로 볼 수 있다는 설렘을 안고 출입국 관리 사무소로 들어선다. 그런데, 이게 웬일인가. 자전거는 보안상 출입이 불가하단다. 오로지 신고된 차량만 출입할 수 있다는 설명에 아쉬움을 삼킨다. 통일전망대 방문은 다음 기회로 미루고, 다음 목적지인 북천철교 인증센터를 향해 다시 페달을 밟는다. 대장정이 본격적으로 시작된다. 이제 첫 스탬프를 찍었고, 앞으로 수첩이 스탬프로 가득 채워질 때까지 달려 나갈 것이다. 길 끝에서 우리가 얻을 것은 단순한 완주가 아니라, 우리의 발자국마다 새겨질 추억과 감동의 기록일 것이다.

일흔의 한 마디

"자신이 꿈을 꾸지 않는 한, 꿈은 절대 시작되지 않는다. 언제나 출발은 바로 지금, 여기다."
- 스튜어트 에이버리 골드

통일전망대 안보교육관

황혼의 수세미에 대한 단상
: 북천철교

2021
06/20 (일) | 08:40 통일전망대 인증센터 →18㎞/50m   09:30 북천철교 인증센터

QR 1-3-1 통일전망대 인증센터 → 북천철교 인증센터

    시원한 바람이 뺨을 스칠 때마다 고개를 왼쪽으로 돌리면, 시리도록 푸른 동해 바다가 눈에 들어온다. 이 바다를 나는 며칠 동안 온몸으로 느끼며, 원 없이 바라보게 될 것이다. 통일전망대에서 강릉까지 이어지는 여정에는 쉰 개가 넘는 해변과 마주하게 된다. 아마 내 생애 바다를 이토록 가까이, 오래 품은 적은 없을 것이다. 바다와 해변, 그들은 마치 오랜 세월 그리워했던 나의 또 다른 고향 같다.

    출발한 지 얼마 지나지 않아 가장 먼저 마차진해변이 손짓한다. 해변 끝자락에 고성 금강산 콘도가 보이고, 조금 더 내려가면 대진항과 그 앞의 해상공원이 이어진다. 다음으로 명사십리 화진포해수욕장이 펼쳐진다. 이중환의 『택리지』에서 "화진포의 모래는 너무 고와서 밟으면 우는 소리가 난다." 하여 울 명(鳴) 자를 써서 '명사'라 불렀다. 화진포에는 눈길을 끄는 풍경들이 가득하다.

많은 이들이 사진을 찍으러 찾는 '천국의 계단'은 하늘로 오르는 듯한 착각을 불러일으킨다. 김일성 별장과 이승만 별장은 역사의 흔적을 고스란히 간직하고 있다. "황금물결 찰랑대는 정다운 바닷가, 아름다운 화진포에 맺은 사랑아"로 시작하는 노래비는 과거의 추억을 간직한 시니어들에게는 작은 타임머신 같다.

거진항을 지나 30분 정도 더 내려가면, 반암해변 옆에 위치한 북천철교 인증센터에 도착한다. 이곳에서 만나는 북천철교는 한때 증기 기관차가 오갔던 동해북부선 철로의 일부였다. 그 시절, 이 철로는 물자를 실어 나르며 한 시대 산업의 역군으로서 역할을 다했다. 지금은 자전거 도로로 재탄생해 새로운 생명을 얻었다. 우리도 이렇게 서로를 보듬고 수리해 가며, 인생의 종점까지 쓸모 있는 삶을 살아갈 수 있다면 얼마나 좋을까. 생각이 여기에 이르니, 집에서 나와 동고동락하는 황혼의 낡은 수세미가 떠오른다.

싱크대 수도꼭지 위, 몇 개의 컵을 놓을 수 있는 작은 받침대 끝에는 큰 집게가 달려 있다. 집게는 나의 둘도 없는 친구인 누렇게 바랜 천연 수세미 반쪽을 물고 있다. 아침 식사를 마치고 설거지를 하다, 손에 쥔 수세미를 바라본다. 전에는 빳빳하던 수세미가 이제는 힘없이 늘어져 있다. 마치 황혼에 접어든 내 모습을 보는 것 같아 괜히 스산한 마음이 든다.

직장 생활 할 때는 가족을 위해 돈을 번다는 구실로 집안일을 피해 갈 수 있었다. 그러나 퇴직 후 시간이 생기니, 남자도 가사에 동참해야 한다는 데 반론의 여지가 없었다. 분리수거, 청소, 빨래 같은 쉬운 일부터 시작했다. 이 일들이 어느 정도 손에 익자 퇴직 후에는 아침밥을 차려 주겠다는 내 약속은 어디로 갔느냐며 물어왔다. 남다른 미각을 가진 아내의 입맛을 만족시키는 것은 불가능했다. 결국 요리는 포기하고 설거지를 대신하기로 했다. 사용하던 스펀지 수세미는 물기가 잘 마르지 않고, 점점 색깔이 변해서 보기가 좋지 않았다. 그러다가 천연 수세미를 떠올렸다. 친환경적이라는 이유도 있었지만, 어릴 적 집 대문 옆에 주렁주렁 달렸던 수세미의 기억 때문이었다.

기억이 사라지기 전에 서둘러 천연 수세미를 주문했다. 써 보니 이것도 마냥 좋기만 한 것은 아니었다. 처음에는 통째로 사용했지만, 작은 접시를 씻기에는 너무 커서 결국 반으로 잘라 사용하기 시작했다. 천연 수세미도 만만치 않았다. 물을 아무리 적셔도 숨이 쉽게 죽지 않았다. 억센 청춘처럼 빳빳하게 저항하던 수세미는 시간이 지나며 서서히 부드러워졌다. 이제야 딱 알맞다 싶을 즈음엔, 그 유연함이 마치 인생의 한가운데에 도달한 듯했다. 하지만 그 시간이 오래가지 않았다. 얼마 지나지 않아 수세미는 기운을 잃고 너덜너덜해져, 제구실을 다 하지 못하게 되었다.

처음엔 숨이 빨리 죽기를 기다렸지만, 막상 부드러워지자 바로 황혼이 다가왔다. 다시 돌아갈 수 없는 내 젊은 시절을 떠올리게 해서일까, 아니면 풋풋했던 시절을 서둘러 재촉한 죄책감 때문일까. 손에 든 낡은 수세미를 바라보며 측은지심이 들었다. 이 수세미가 꼭 내 모습 같았다.

수세미의 일생이란 어쩌면 우리네 삶과 닮았다. 아니, 천연 수세미뿐이겠는가. 이 세상 모든 생명체의 운명이 그러하지 않던가. 젊은 날엔 질풍노도처럼 거칠고 억세지만, 시간이 지나면 고개를 숙이고 주위를 돌아보는 장년이 된다. '이제 이 모습으로 오래 가면 좋겠다.' 싶은 순간, 바로 황혼이 찾아온다. 그러나 내가 마주한 황혼은, 수세미의 황혼과는 조금 달랐으면 싶었다. 수명을 다한 수세미를 그냥 버릴 수는 없었다. 낡고 힘을 잃은 두 개의 수세미를 겹쳐 묶어보았다. 힘을 되찾은 수세미는, 버려야 했을 것이 새 생명을 얻은 듯 제 몫을 다하기 시작했다. 마치 다시 쓰임새를 찾은 인생처럼 말이다.

요즘 도서관, 복지관, 주민 센터를 가 보면 온갖 강좌가 즐비하다. 온라인에서는 더 다양한 배움의 기회가 펼쳐져 있다. 요양보호사, 노인 심리 상담사를 공부하는 노인들이 부쩍 늘었다고 한다. 단순히 생활비를 보충하기 위한 것만은 아닐 것이다. 여전히 사회의 일원으로서 역할을 할 수 있다는 보람, 그리고 스스로에 대한 자존감을 다시 찾는 것이리라.

얼마 전, 복지관 사진반에 열심히 다니는 누님뻘 되는 분에게서 전화가 왔다. 어르신들 사진을 찍어 주는 모임에 빈자리가 생겼다며 함께해 보지 않겠냐고 했다. 이처럼 우리도 무언가를 덧붙이고 보완해 간다면, 마치 겹쳐 묶은 수세미처럼 황혼의 시기도 새로운 생명을 얻을 수 있지 않을까. 황혼은 끝이 아닌, 다시 한번 빛날 수 있는 또 다른 시작일지도 모른다는 생각이 문득 들었다.

일흔의 한 마디

"학생으로 계속 남아 있어라. 배움을 포기하는 순간 우리는 폭삭 늙기 시작한다."
- 셰익스피어

북천철교 인증센터

길든 삶에 대한 자유와 해방감
: 하조대

| 2021
06/20 (일) | 발 | 09:40 북천철교 인증센터 | → 25km / 2h 15m(휴식 포함) | 착 | 11:55 봉포해변 인증센터 |

QR 1-4-1 북천철교 인증센터 → 봉포해변 인증센터

  북천철교 인증센터에서 하조대까지는 동해를 벗 삼아 끝없이 이어지는 평탄한 길이다. 가진항과 공현진항을 지나면, 수 km의 백사장을 자랑하며 넓게 펼쳐진 송지호해수욕장이 모습을 드러낸다. 길 오른편으로는 석호(潟湖)가 된 송지호가 잔잔히 누워 있다. 석호란 바다와 연결되던 물길이 막혀 호수가 된 것으로, 속초의 청초호와 영랑호, 고성의 송지호와 화진포가 대표적이다. 송지호 앞에는 작은 섬, 죽도가 있어 이곳은 '죽도해수욕장'이라고도 불린다. 해변을 따라 내려가면 오호항을 지나 삼포해변으로 이어진다.

  문암, 교암해수욕장을 지나면, 이름도 아름다운 아야진해변에 닿는다. '아야'는 '아름답다'는 뜻이라 하는데 이름 그대로다. 청간해변에 이르면 관동팔경 중하나인 청간정이 보인다. 이승만 대통령의 친필 현판이 걸려 있다. 통천의 총석정, 고성의 청간정과 삼일포, 양양의 낙산사, 강릉의 경포대, 삼척의 죽서루,

울진의 망양정과 월송정이 관동팔경을 이룬다. 천진항과 봉포항을 지나 해변 공원으로 가면 봉포해변 인증센터에 도착한다.

발 12:10 봉포해변 인증센터 → 6㎞/ 20m 착 12:30 영금정 인증센터

QR 1-4-2 봉포해변 인증센터 → 영금정 인증센터

해변을 따라 4㎞ 남짓 내려가면 장사항이 나오고, 오른편에 영랑호가 보인다. 1.5㎞ 정도 더 달려 속초 포장마차 삼거리를 지나고, 얼마 안 가서 속초등대전망대 밑에 위치한 영금정 인증센터에 닿는다. 영금정은 2분 정도 더 가면 만날 수 있다. 그리고는 바로 속초다. 영금정(靈琴亭)이 예전부터 있었던 정자로 생각하지만, 사실 속초 등대 밑 바닷가에 흩어진 암반 지역을 영금정이라고 불렀다. 바위에 부딪치는 파도 소리가 신령한 거문고 소리 같다고 해서 붙여진 이름이다. 일제강점기 속초항 개발을 위해, 그 자리에 있던 돌산을 깨내면서 지금의 넓은 암반으로 변했다. 그로 인해 과거의 그 오묘하고 아름다운 소리는 들을 수 없게 되었다 한다. 자연 훼손과 개발의 균형점은 어디쯤일까. 지금은 위와 아래에 두 개의 정자가 있는데, 현판이 모두 '영금정'이라 되어 있고 해돋이 명소로 사랑받고 있다.

발 12:35 영금정 인증센터 → 23㎞/ 3h 25m(점심 포함) 착 16:00 동호해변 인증센터

(좌)QR 1-4-3 영금정 인증센터 → 동호해변 인증센터 / (우)영상QR 1-4-3 속초항 포장마차

영금정에서 내려오면 속초항이다. 한낮의 더위에 목이 마르고, 배도 고프다. 눈에 익은 부둣가의 풍경이 발걸음을 멈추게 한다. 저 멀리 정박한 크루즈 선을 배경으로 포장마차들이 줄지어 늘어서 있다. 자리를 잡고 해산물과 해물 라면을 시켜 배를 채운다. 비지땀을 흘리고 난 뒤라 시원한 술 한 잔이 더할 나위 없이 달콤하다. 이 순간의 행복감에 취해, 오늘 이곳에서 종을 치고 싶다는 유혹이 스멀스멀 올라온다. K도 같은 표정이다. 문제는 아직 해가 중천에 떠 있다는 사실. 오후 시간을 그대로 흘려보내기엔 너무 아깝다. 속초에 있는 지인이 얼굴을 보고 가라고 했지만, 계획 일정도 빡빡하고 그분도 번거로울 것 같아 사양했다. 이럴 줄 알았으면 만나고 갈 걸 하는 아쉬움이 크게 남는다. 미련을 뒤로하고 다시 자전거에 오른다.

영상QR 1-4-4 동호 해변 가는 내리막길

금강대교, 설악대교를 타고 청초호를 건넌다. 속초해변을 지나면 대포항이다. 오른쪽의 웅장한 설악산과 왼쪽 푸른 동해 바다를 번갈아 보며 해변 길을 한참 달리다 보면 설악해변에 이른다. 여기서부터 낙산 버스터미널까지 1.8㎞의 낙산사 구간은 해안 길이 끊어져 7번 국도로 잠시 올라선다. 다시 해변 길로 돌아오면, 낙산해변의 시원한 풍경을 맞는다. 남대천을 건너는 낙산대교를 지나고, 수산항을 뒤로하면 동호해변까지 이어지는 신나는 내리막길이 뻗어 있다. 인증센터는 해변 시작점에 자리하고 있다.

하조대해수욕장이 얼마 남지 않았다. 양양은 이름난 볼거리가 많다. 스쳐 지나온 낙산사 의상대를 포함하여 양양 남대천, 대청봉, 오색령(한계령), 오색 주전골, 하조대, 죽도정, 남애항의 양양 8경이 자랑거리다.

발 16:10 동호해변 인증센터   → 7㎞ / 50m   착 17:00 하조대해수욕장

(좌)QR 1-4-4 동호해변 인증센터 → 하조대해수욕장 / (우)영상QR 1-4-5 하조대해수욕장

동호해변을 따라 내려간다. 자전거 길이 인도와 차도 사이에 별도로 분리되어 있어 라이딩하기 그만이다. 해변은 하조대해수욕장으로 이어진다. 해수욕장 개장 전이지만 바다를 좋아하는 사람들은 벌써 파도에 몸을 맡기고 있다. 전망대 뒤에는 울창한 소나무 숲이다. 기사문등대 방향으로 조금 가면 육각 정자가 나타난다. 조선 개국공신 하륜과 조준이 만년을 보냈다는 하조대다.

숙소에 짐을 풀고 저녁 먹기 전 산책길에 전망대에 오른다. 하늘엔 엷은 구름이 걸려 있고, 그 사이로 빛 내림이 내려온다. 성스러운 조짐이다. 종주를 일정대로 무사히 잘 마칠 수 있도록 내려주는 하늘의 축복 같다. 다음 날 목적지는 추암해수욕장까지로 거리는 100㎞가 안 되지만 낮부터 비가 예보되어 있어 새벽에 출발하기로 한다.

수강하고 있던 도서관 인문학 강좌 중 이자영 시인의 강의가 있다. 그의 시집 『꿰미』에서 '하조대해수욕장에서'란 부제가 달린 「사육의 끝」이란 시를 발견했다. 종주 코스에 하조대가 포함되어 있어 더욱 반가웠고, 몇 번 낭송해 보니 그 울림이 깊어 출발할 때 복사해 가져왔다. 해변 산책을 마친 후, 다시 그 시를 낭송해 본다.

하조대해수욕장 빛내림

누군가를 길들이며
누군가에게 길들어 가는 생활에
이골이 난 사람들
강원도 양양, 호젓한 노을 한 자락에
짐덩이 같은 육신을 부려 놓고 있다.

아마도 사육의 끝이 이럴까
나른한 여유만으로 철썩이는 곳
밤바다는 불을 끄고

내 몸 구석구석 조명을 달아 놓는다.
뒤척이던 모래알도 별 알로 박히는
하조대의 밤
(중략)

이자영 시, 「사육의 끝 – 하조대해수욕장에서」 부분

시를 읊으며, 묶였던 사슬이 풀리듯 가슴이 뜨거워져 온다. 자유로운 영혼은 밤하늘을 날며 별빛을 품는다. 오, 이 자유여, 이 해방감이여.

폭죽이 터지는 밤, 모래사장에 몸을 누이고 다시 한번 시를 읊어보고 싶어진다. 목소리가 파도 소리에 실려 하늘에 울려 퍼지면, 그 순간 바로 자유인이 될 것이다.

> **일흔의 한 마디**
>
> "멀리 동해바다를 내려다보며 생각한다. 널다란 바다처럼 너그러워질 수는 없을까."
> - 신경림 「동해 바다 - 후포에서」

손녀에게 물려줄
자유에 대한 이야기 : 양양

    이날은 원래 일정 계획상 하조대에서 추암해수욕장까지 95㎞를 달리는 것이었는데, 날씨를 감안하여 새벽 일찍 출발한 덕분에 삼척 장호리까지 129㎞를 갈 수 있었다. 라이딩 시 내비게이션으로 쓰는 카카오맵은 총 상승 1,589m 하강 1,551m로 오르막(업힐)이 심한 몇 개의 재를 넘어야 하는 구간을 예고해 주고 있었다. 총 상승이란 해당 구간의 오르막을 오른 총거리를 말한다. 오르막의 끝에는 어떤 풍경이 기다리고 있을까, 마음은 이미 그 높이를 넘고 있었다.

    안인항에서 정동진을 넘어 심곡항까지, 한재공원 인증센터 넘어가는 길과 대진항에서 장호항 사이 구간에 업힐이 많다. 동해안종주길 중에서도 앞으로 달릴 삼척, 울진 구간이 제일 험난한 여정이다. 그러나, 이러한 고비들이야말로 시야 끝에 펼쳐지는 멋진 풍경을 마주하게 해 주는 값진 대가임을 알고 있다.

2021
06/21 (월) | (발) 05:45 하조대   →17km/ 50m   (착) 06:35 양양 지경공원 인증센터

QR 1-5-1 하조대해수욕장 → 강원 양양군 현북면 잔교리 산 5-1 → 양양 지경공원 인증센터

낮부터 비가 온다는 일기예보를 감안하여 아침 식사는 가다가 해결하기로 하고 일찍 출발한다. 오늘은 또 어떤 풍경들이 기다리고 있을까. 저 먼 길 너머, 아직 보지 못한 새로운 세상이 우리를 맞이할 것이다.

하조대를 출발해 잠시 달리면, 그 길 끝에서 만나는 곳이 기사문해수욕장이다. 그리고 그곳의 가장자리에 선 휴게소, '38선휴게소'. 그 이름만으로도 마음에 잔잔한 파문이 일어난다. 한반도의 허리를 자르듯 새겨져 비극의 역사를 대변하고 있는 '38선'의 의미를 이 휴게소는 무겁게 간직하고 있다.

QR 1-5-2
38선휴게소

제2차 세계대전 후 미·소 양국이 일본 점령지였던 한반도의 전후 처리 방안을 논의한다. 이때 한반도 허리를 관통하는 북위 38도선을 기준으로 임시 군사 분계선을 설정한 것이 '38선'이다. 1950년 6월 25일 북한의 남침으로 이 선이 무너져 낙동강까지 밀린다. 인천 상륙 작전의 성공으로 다시 '38선'을 수복한 후 휴전 협정이 체결된다. 오늘 우리가 발을 딛고 있는 이곳은 수많은 희생 위에 얻어진 자유의 땅이다.

'Freedom is not free.' 자유는 결코 공짜로 얻어지는 것이 아니다.

미국도 한국전쟁 때 산화한 분들의 희생을 잊지 않기 위해 위도 38선이 지나는 미주리에 기념비를 세우고 이 글을 새겨 놓았다.

'38선'은 자유의 무게를 새겨 놓은 상징이 되었다. 마치 동백꽃처럼 붉게 새겨진 '38'이라는 글자는 전쟁의 상처를 상기시키며, 우리에게 소중한 자유의 본질이 무엇인지 묻는 듯하다.

38선 표지석

커다란 돌덩이에 '38'은 붉은색으로, '선' 자는 검은색으로 쓰여 있다. 보는 이로 하여금 6·25 전쟁의 상흔과 자유의 고귀함을 상기시킨다. 동백꽃처럼 붉은 글씨가 처연하기까지 하다. 내려오는 한참 동안 나의 뇌리를 떠나지 않는다. 그러다 문득 손녀의 얼굴이 아른거리고, 얼마 전 인터넷에서 본 사진 한 장이 그 위에 떠오른다.

쑥쑥 커 가는 손녀 덕분에 요즘 아침마다 색다른 행복을 맞보고 있다. 딸은 일로 아침 시간이 바쁘다. 그래서 손녀는 유치원 등원하기 전 우리 집에 와서 아침 식사를 같이한다. 식사 동안 병아리 같은 입으로 매일의 일상을 종알대며 풀어놓는다. 그 시간이 얼마나 사랑스럽고 행복한지 모른다.

얼마 전, 손녀가 유난히 기분이 좋아 보였다. 좋아하는 남자아이가 자기와 결혼하기로 약속했다고 기뻐했다. 언제는 아빠와 결혼한다고 했는데 변덕이 죽 끓는 나이라 그런지, 세상 이치에 눈을 떠 가서인지 결혼 상대가 남자 친구로 바뀌었다.

순진무구한 손녀를 보면 하얀 도화지 같다는 생각이 든다. 어떤 밑그림이 그려지고 무슨 색 물감으로 곱게 칠해져 나갈까. 아름다운 산과 강을 바탕으로 예쁜 나무와 꽃들이 무지개 색깔로 그려졌으면 좋겠다. 한편에 고즈넉이 쉴 의자도 있으면 한다. 완성될 그림이 무척이나 궁금해진다. 다 된 그림을 우리가 보기는 힘들 것이라는 생각 때문에 더 그런지도 모르겠다.

손녀가 이렇게 행복한 삶을 누리는 것은, 그녀가 좋은 세상에 태어났기 때문이다. 마치 도깨비방망이처럼, 원하면 무엇이든 이뤄지는 세상. 그녀는 좋은 시절, 좋은 나라 대한민국에서 태어났으니 얼마나 다행인가 싶다.

손녀 얼굴 위로 사진 한 장이 겹쳐 보인다. 얼마 전에 인터넷에 올라온 위성으로 찍은 한반도 야경이다. 일반 지도상의 한반도 사진과는 전혀 다른 느낌이다. 남쪽은 전기 불빛이 빼곡히 깔려 있어, 그 형상이 지도 그대로 드러난다. 반면, 북쪽은 평양 한 곳을 제외하고는 검은 숯덩이처럼 칠흑의 어둠뿐이다. 마치 두 개의 다른 세계가 하나의 반도에 공존하는 듯한 풍경이다.

유치원 다니는 손녀에게 설명하기 쉽지 않은 한반도의 남과 북에 대해 간단하게 이해시킬 수 있는 좋은 자료다. 전기가 집에 안 들어오면 깜깜해진다는 걸 안다. 만약 아이가 북쪽에서 태어났다면, 저 암흑 속에서 살아가고 있을 것을 생각하니 등골이 서늘해진다. 이 한 장의 사진이 분단된 남과 북의 모든 것을 말해 주고 있지 않은가.

나라란 과연 무엇일까. 말할 것도 없이 국민의 행복을 위해 존재하고 운영되어야 한다. 나라가 제대로 작동되지 않고, 스스로 움직일 힘을 잃게 되면 남에게 끌려 다니고 속박을 받게 된다. 그 결과가 어떤지는 일제 강점기와 6·25 전쟁을 통해 다시는 겪어서는 안 될 뼈아픈 경험을 했다.

도대체 무엇 때문에 이렇게 큰 희생을 치르면서도 나라를 다시 세우고 지켜내려고 했을까. 그 답을 손녀의 행복한 모습에서 발견할 수 있었다. 북한 이탈 주민들이 목숨을 걸고 갖고 싶어 하던 바로 그것, 자유다.

인간은 누구나 기본적으로 자유를 갈망한다. 스스로 선택하고, 구속받지 않으며, 마음껏 다닐 수 있는 자유. 이 욕구는 보편적이고도 본질적이다. 지나온 역사를 돌아보며, 우리의 선택과 그 선택을 지켜내기 위해 치렀던 싸움이 가치 있고 옳았다는 것을 새삼 확신하게 된다. 그리고 앞으로도 그 자유는 영원히 지켜져야 할 소중한 가치임을 절감한다. '38선'이란 강렬한 글씨가, 달리는 자전거 위에서도 문득 손녀와 이 아이가 살아가야 할 자유·민주의 나라에 대한 생각이 떠오르게 만든 것이다.

재잘대는 손녀의 얼굴이 다시 떠오른다. 아이가 살아갈 세상은 밝고 정직하길, 깨끗하고 희망으로 차오르기를. 그런 세상에서 남녀 차별의 한계에 갇히지 말고, 현명하고 아름답게 인생의 그림을 그려 나가길 빌다 긴 상념에서 깨어난다.

지경공원 인증센터는 해수욕장 옆 공원 안에 있다. 주변에 식당이 보이지 않는다. 아직 식사하기 이른 시간이라 경포해변까지 내려간다.

영상QR 1-5-1 지경공원 가는 길

일흔의 한 마디

"자유는 공기와 같다. 잃어버렸을 때 비로소 그 가치를 안다."
- 조지 오웰

인연과 감사를 떠올리다
: 경포대

6

2021
06/21 (월)　발　06:45 양양 지경공원 인증센터　→ 18km/ 55m　착　07:40 경포해변 인증센터

(좌)QR 1-6-1 양양 지경공원 인증센터 → 경포해변 인증센터 / (우)영상QR 1-6-1 이른 아침 주문진항

　출발하면 바로 마주하는 향호해변부터 소돌해변, 오리진을 차례로 지나면 어느새 주문진이다. 주문진항 진입 직전 오른편 높은 언덕에 하얀 등대가 시간을 잊은 채 서 있다. 이곳은 강원도에서 처음 세워진 주문진등대로 1918년부터 오랜 세월을 견뎌 온 귀한 존재다. 역사가 깊을 뿐만 아니라 건축학적 가치도 높다고 한다. 다른 등대들과는 달리 벽돌로 세워졌기 때문이다.

　보통 항구의 등대는 선박이 나드는 뱃길 양쪽에 한 쌍으로 자리 잡고 있다. 울산 정자항에도 '귀신고래 등대'로 불리는 고래 형상의 등대가 양쪽 방파제에 마주 보고 서 있다. 그런데 색깔이 하나는 빨간색, 하나는 흰색이다. 두 개의 색깔이 왜 다를까? 바다에서 항구 쪽을 보았을 때 오른쪽에 서 있는 빨간색 등대는 항로 오른쪽에 장애물이 있으니, 왼쪽으로 다니라는 것으로, 부두에 접안할 경우 부두가 왼쪽에 있다는 뜻이다. 또 왼쪽에 서 있는 흰색 등대는 빨간색 등대와 반대임을 알려 주는 표시다.

QR 1-6-2
주문진 수산시장

주문진항이다. 이른 아침 시간이라 문을 연 가게는 없지만 도로를 따라 양쪽에 나 있는 엄청난 길이의 가게들이 부산 자갈치시장을 보는 듯하다. 역시 동해의 수산시장 맏형답다. 우리나라 최초의 수산시장은 자갈치시장이지만, 주문진항도 60년대 영동 지역의 최대 어항으로 불렸다. 1965년 우리나라 국가 어항으로 지정되면서 더 크게 발전해 오면서 수산시장도 번창하게 되었다.

시장이라는 공간은 단순히 물류의 허브가 아니다. 생산자와 소비자를 잇는 다리 역할을 넘어, 사람들에게 생기와 활력을 불어넣는 생명의 장이다. 이런 우스갯소리가 있다. 6 · 25 전쟁 후 모두가 어렵던 시절, 서울에서 힘겹게 살던 한 아가씨가 더 이상 삶의 의미를 찾지 못하고 모든 것을 포기하기로 마음먹었다. 부산 영도 태종대의 '자살 바위'가 유명하다는 소문을 듣고, 모든 것을 정리하고 부산행 완행열차에 몸을 실었다. 태어나 처음 떠나는 부산행이었다.

막상 부산에 도착하여 보니 태종대로 가는 발걸음이 쉽사리 떨어지지 않았다. 이왕 마지막 길이라면 자갈치시장을 구경하고, 소문난 회라도 맛보고 가자고 생각했다. 얼굴에 덕지덕지 묻은 생선 비늘이 찬 바닷바람에 얼어붙은 할머니를 만났다. 좌판을 앞에 두고 목이 터져라 손님을 부르는 엄마의 모습도 보았다. 치열한 그 모습들이 마치 전쟁터 같았다. 각자의 삶 속에서 최선을 다하는 불굴의 의지와 생생한 현실 속에서, 그녀는 자신을 돌아보게 되었다. 시장을 한참 돌아다니다가 정신을 차려 보니 배가 고팠다. 맛있는 회로 배를 채우고는 그 길로 자살 바위 대신 집으로 발길을 돌렸다. 자갈치의 회 한 접시가 그녀의 삶을 구해 낸 것이다. 물론 자갈치 시장의 홍보를 위한 이야기겠지만, 그 안엔 묵직한 울림이 담겨 있다.

주문진항에서 경포해변까지는 약 13㎞ 거리, 해변 길을 따라 이어지는 연곡, 하평, 사천진, 사천, 순포, 순긋, 사근진해변들이 제각기 다른 표정으로 나를 반긴다. 바람에 흔들리는 파도와 함께 시선이 흘러가다 보면 어느새 경포해변 중앙광장에 닿는다. 인증센터에서 스탬프를 찍고, 해변을 둘러보며 잠시 쉬어 간다. 바다는 거칠지만 아름답고, 파도는 끊임없이 부서지지만 영롱하다. 이곳에서 또 하나의 추억을 담아 간다.

경포해변

아직 이른 아침이라 광장에는 산책 나온 사람들 몇몇만 한가로이 거닐고 있다. 광장 뒤쪽으로 눈부신 아침 햇살을 받은 경포 바다의 윤슬이 빛난다. 은빛 옷을 입은 아름다운 여인이 부드럽게 손을 흔드는 듯한 모습이다. 바다와 태양이 만들어내는 이 아름다운 풍경은 잠시나마 내 마음을 황홀하게 만든다.

지도상 해변 맞은편 경포호 가운데 월파정이란 정자가 있다. 처음엔 '월파정(越波亭)'이라 짐작하고, 파도가 여기까지 넘실대어 올라오는 곳인가 생각했다. 하지만 실제 한자를 확인해 보니 '月波亭', 호수에 비친 달빛이 물결에 흔들리는 아름다움을 담아낸 이름이라니, 얼마나 멋진가. 그런데 이 멋스러운 이름 뒤에 다소 당황스러운 반전이 기다리고 있었다.

동해안을 따라 풍광이 좋은 곳에는 오래된 정자들이 많다. 이 정자도 수백 년의 세월을 머금고 있을 줄 알았지만, 실상은 달랐다. 알고 보니 생뚱맞게도 강릉의 '계(契)' 문화와 관련이 있었다. 계(契)는 옛날부터 전해 내려오는 상부상조의 민간 협동체다. 강릉 사람들 대부분이 '계'를 몇 개씩 들 정도로 강릉은 '계'가 성행해 왔는데 경포호 주변의 모든 정자가 이들과 관련이 있다. 월파정도 그중 하나로 1958년 동갑 계원들이 세운 것이라고 하니, 오래된 전통이라기보다는 현대적인 모임의 흔적이다. 웃음이 나면서도 묘한 감정이 인다. 이 아름다운 이름이 지닌 서정성과 현실의 간극이 만들어 낸 아이러니다.

아침 일찍 출발하여 2시간 넘게 자전거 페달을 밟았더니, 슬슬 배가 고파 온다. 광장 아래쪽으로 내려가니 횟집과 식당들이 길게 늘어서 있다. 하지만 이른 아침이라 대부분 문을 열지 않았다. 다행히도 아침 식사가 가능하다는 식당한 곳이 눈에 들어온다. 나는 시원한 황탯국을, K는 어제저녁 하조대에서 맛있게 먹었던 순두부 생각에 초당 순두부를 주문한다. 시장이 반찬이라지만, 음식맛이 유난히 뛰어나다. 주인장이 말하길, 이곳 경포는 초당 두부가 유명해서그렇다고 한다.

그 말을 들으니, 예전에 아내와 함께 초당 두부 마을을 찾아갔던 기억이 불현듯 떠오른다. 두부 맛이 일품이라 더 사 가려 했더니, 한 집에 하나씩만 판다고 했다. 그때는 여행이 아닌, 속초에 있는 지인 병문안하고 내려오던 길이었다. 울산에서 자가용으로도 주행 시간만 5시간이 넘는 먼 길이다.

지인은 아이들에게 화 한 번 낸 적이 없는, 소위 말하는 무골호인으로 싫어하는 이가 없었다. 오랫동안 불교에 심취해 목탁을 두드리는 모습이 마치 스님 같았다. 우리 아버님께서 추석 전날 임종하셨을 때, 그는 명절 연휴에도 불구하고 목탁을 들고 한걸음에 달려와 아버지 곁을 지켜 주었다. 고인의 극락왕생을 빈 그의 정성 어린 기도가 얼마나 고맙던지, 그 감사함에 나도 이 먼 길을 마다하지 않았다. 결국 그는 힘든 병마를 이기지 못하고 세상을 떠났지만, 그의 따뜻한 모습이 종종 떠오른다. 초당 두부 한 모가 그날의 기억과 함께 그를 내 곁으로 데려와 주었다.

일흔의 한 마디

"상처는 잊되, 은혜는 절대 잊지 마라."
- 공자

파도를 타며
인생의 흐름을 느끼다

: 동해안종주 2

2장

보이는 것이 다가 아니다
: 강릉

1

2021
06/21 (월) | 발 08:35 경포해변 인증센터 (조식 후) → 25km/ 1h 45m 착 10:20 정동진 인증센터

QR 2-1-1 경포해변 인증센터 → 정동진 인증센터

경포호의 아름다움을 조금 더 느끼고 싶어 식사 후 호수 주위를 잠깐 돈다. 잔잔한 물결 위로 반사된 햇빛이 마치 금빛 비단을 드리운 듯 반짝인다. 다시 페달을 밟아 정동진을 향해 길을 나선다. 해안을 따라가던 길은 안목해변에서 육지 쪽으로 들어와 학골을 빙 돌아서 이어진다. 메타세쿼이아 숲을 왼쪽에 두고 가던 자전거 길이 농로 사이로 나 있다. K는 이미 저 멀리 앞서가며 작은 점처럼 보인다.

길은 보수 공사를 하고 있는 분위기인데, 진행 방향에는 공사 표지판도 없고 패인 곳도 보이지 않는다. 더 처지면 안 될 것 같아, 속도를 올린다. 그 순간, 갑작스레 몸이 공중으로 솟구치더니 자전거와 함께 그대로 바닥에 내팽개쳐진다. 잠시 정신이 아득해진다. 주변을 둘러보니, 시멘트로 보수한 부분이 원래는 색이 짙어 쉽게 구별되지만, 시간이 지나면서 주변과 비슷한 색으로 변해 있다. 그런데 무거운 자전거를 지탱할 정도로까지는 아직 굳지 않은 상태여서 무게를 견디지 못하고 바퀴가 깊이 빠져버린 것이다. '공사 중' 표지판 하나 없는 길이 낳은 불상사다.

정신을 차리고 일어난다. 몸의 상처보다 자전거의 상태가 먼저 궁금하다. 핸들에 부착해 둔 핸드폰 거치대는 부러져 날아가 버렸고, 짐받이 연결 부위는 충격으로 완전히 부러졌다. 관광지인 정동진에 도착하면 거치대는 구할 수 있을지 모르겠지만, 짐받이는 당장 해결할 방법이 없을 것 같다. 가방을 뒤져 응급처치할 만한 것을 찾는다. 다행히 출발 전에 다이소에서 사 둔 양면 찍찍이 밴드가 손에 잡힌다. 원래는 자전거를 차량에 실을 때 해체한 바퀴가 덜렁대지 않도록 묶는 용도로 가져온 것이지만, 지금은 구세주처럼 느껴진다. 밴드를 모두 사용해 짐받이를 자전거 프레임에 단단히 묶어 고정한다. 두 손으로 당겨보고 눌러 봐도 꼼짝도 하지 않는다. 임시방편이었지만, 이후 종주를 마칠 때까지 문제없이 버텨 주었다. '이빨이 없으면 잇몸으로 버틴다'는 말이 바로 이런 것이 아닐까.

QR 2-1-2
강릉지구전적비

다시 페달을 밟아 안인항을 향해 달린다. 다행히 자전거의 주행에는 큰 문제가 없다. 안인항을 지나 조금 더 가면 오른쪽으로 갈라지는 길이 나타난다. 이 길은 강릉통일공원으로 이어진다. 이곳에는 6·25 전쟁 당시 강릉지구 공군의 활약상을 기념하는 전적비가 있다.

가던 왼쪽 길로 곧장 가면, 도로 아래 해안가에 퇴역한 916함이 놓여 있는 모습이 눈에 들어온다. 오래된 사진첩처럼 정지된 시간 속의 군함, 그 옆에는 잠수정도 있다. 북한의 침투 잠수정이 좌초된 후 이곳에 전시된 것이다. 다시 경사도 7% 오르막길을 10여 분 오르면 넓게 펼쳐진 주

QR 2-1-3
등명락가사 주차장

차장 너머 등명락가사 일주문이 보이고 그 옆에 등명 약수터가 자리하고 있다.

여기서부터 정동진까지는 내리막길이다. 시원하게 바람을 가르며 내려오니, 마치 바다가 나를 품에 안아 주는 듯하다. 자전거 짐받이 임시 수선으로 지체된 것과, 안인항에서 정동진 구간의 오르막으로 시간이 더 소요될 것 같았는데 열심히 달린 덕에 거의 예상 시간 내에 정동진에 도착한다.

정동진역은 생각보다 소담하다. 시골 역이지만 유명한 관광지라 규모가 좀 있을 줄 알았는데, 자그마한 규모가 더 정겹다. 역 옆 '맞이방'이라 쓰인 곳이 대합실이다. 이 작은 역이 기네스북에 올랐다고 한다. 무엇으로 올랐을까? 세계에서 바닷가에 가장 가까운 역이라 한다니, 바다와 기차가 손을 맞잡고 인사하는 듯한 풍경이 그려진다.

먼저 편의점에 들러 핸드폰 거치대가 있는지 살핀다. 예상대로, 이 작은 동네에서는 구하기가 어렵다고 주인이 말한다. 들어간 김에 커피 한 잔 마시며 잠시 피로를 풀고, 드라마 〈모래시계〉를 기념하는 모래시계 공원과 해변을 둘러본다.

〈모래시계〉는 중년이 넘은 우리나라 사람 중 모르는 사람이 없다. 1960~1970년대의 굵직한 근대사를 소재로 하고, 당시 톱스타인 최민수, 고현정을 내세웠으니 예견된 결과일지도 모르겠다. 또 이 드라마로 이름을 올린 이정재가 세월이 흐른 후 〈오징어 게임〉으로 할리우드를 뒤흔들 줄 누가 알았겠는가. 한 치 앞도 모르는 게 인생이런가.

최고 시청률 65%를 넘길 정도로 인기였던 드라마 명장면의 촬영 장소이니, 사람들의 관심을 끌게 되는 것은 당연지사겠다. 정동진(正東津) 지명의 유래가 광화문에서 정동쪽에 있어 붙여진 것으로 알고 있으나, 실측 결과 동해시에 더 가깝다고 한다. 조선 시대 삼척 부사를 지낸 허목의 기행문에 춘분이 되면 해가 이곳의 정동쪽에서 뜬다고 해서 이름 지어졌다는 기록이 남아 있다.

이름 그대로, 여기서 맞는 동해 일출은 남다를 것이다. 일기 예보대로 잔뜩 찌푸린 하늘을 보고 서둘러 다음 목적지 망상해변으로 떠난다.

발 10:40 정동진 인증센터　→ 16㎞/ 55m　착 11:35 망상해변 인증센터

(좌)QR 2-1-4 정동진 인증센터 → 망상해변 인증센터 / (우)영상QR 2-1-4 정동진해변

정동진을 출발하여 얼마 가지 않아 산길로 접어든다. 경사도 6%로 100m 정도 오른 후, 심곡항으로 내려간다. 심곡항에서 금진항 구간은 바다에 바짝 붙어 있는 해안 길로 파도가 높은 날은 도로로 넘어오기도 한다. 이 구간을 '헌화로'라 부르는데『삼국유사』의 〈헌화가〉에서 유래된 이름이다.

차 한 대가 지나가다가 넘어온 파도에 깜짝 놀라 차선을 바꾸며 피하기도 한다. 동해안 도로를 따라가다 보면 곳곳에서 '월파 지역'이라는 안내판을 볼 수 있다. 파도가 거세게 치면 도로 위로 물이 넘치니 조심하라는 경고 문구다. 특히 이 구간은 바다와 가까워 그런 광경이 자주 펼쳐진다. 거대한 파도가 육지로 넘실대며 들이치는 장관은 자전거 여행이 아니면 쉽게 만날 수 없는 풍경이다. 하얀 포말을 일으키며 다가오는 파도는 마치 성난 사냥개처럼 이빨을 드러내다가도, 순간 마음을 돌려 꼬리를 살랑이는 강아지처럼 나를 따라온다.

생각해 보면, 파도의 자리는 원래 바다가 아닌가. 자리를 이탈한 파도는 세상의 규율을 어긴 이단아다. 한데, 이단아가 어찌 파도뿐이겠는가. 사람 사는 세상도 다르지 않다. 제 자리를 지키지 못한 사람들의 일탈로 일어나는 일들이 얼마나 많은가. 그로 인해 받게 되는 고통과 피해는 또 얼마인가. 그런 상념에 젖어 내려가는데 한 무리의 파도가 뒤따라와 나를 감싼다. 어쩌면 이 파도는, 험난한 길을 헤쳐온 나를 "수고 많았다."라며 부드럽게 토닥여 주는 듯하다.

금진항에서 30여 분을 더 달려 옥계를 지나 망상해변 인증센터에 도착한다. 인증센터 옆에는 오토캠핑장이 펼쳐져 있고, 탱크처럼 거대한 카라반들이 줄지어 서 있다. 이런 풍경을 보니, 우리나라도 여유와 풍요가 있는 선진국에 이미 들어선 느낌이다.

일흔의 한 마디

"뜻이 있는 곳에 길이 있다."

정동진 해변

태양은 또다시 떠오른다
: 삼척

2021
06/21 (월) 발 11:45 망상해변 인증센터   → 7.3㎞ / 35m   착 12:20 다이소 동해우리마트점

QR 2-2-1 망상해변 인증센터 → 다이소 동해우리마트점

    망상해변에서 추암촛대바위로 향하기 전에 동해항을 들렀다가 가기로 한다. 핸드폰 거치대 구할 곳을 찾아보니 다행히도 30여 분 거리에 다이소 동해우리마트점이 있다. 거치대를 산 후 점심시간이라 가까운 식당에서 생선구이 정식으로 든든하게 배를 채운다. 고소하게 구워진 생선 한 점이 입안에서 부드럽게 녹아내리니, 피로가 한 순간에 사라지는 듯하다. 이제 추암촛대바위를 향해 다시 페달을 밟는다.

발 13:50 다이소 동해우리마트점   → 14㎞/ 1h 5m)(중식 포함)   착 14:55 추암촛대바위 인증센터

묵호항역을 지나 동해안자전거길을 따라 하평, 한섬, 감추해변을 지나면 동해항에 다다른다. 파란 물결이 바위를 부딪치며 흰 포말을 흩뿌리는 모습이 페달을 저어 가는 내내 눈을 즐겁게 한다. 바닷길을 따라 호해정을 지나 조금 더 가면 추암촛대바위가 있다. 촛대 모양의 이 바위는 애국가 1절 영상에 나오는 유명한 곳이다. '한국의 가 볼 만한 곳 10선'에 뽑힐 정도로 바위에 걸린 일출이 장관이어서 관광객들이 가장 선호하는 해돋이 명소다.

300여 m 더 앞으로 가면 인증센터가 있다. 맵이 인도하는 대로 바닷가 끝까지 갔으나 인증센터가 보이지 않는다. 두리번거리다가 지나가는 사람에게 물으니, 언덕 위에 있다고 한다. 해변의 인증센터는 대개 해변의 눈에 잘 띄는 곳에 있는데, 보물처럼 숨겨져 있어 처음 오는 사람들은 모두 혼란스러워할 법하다.

인생은 늘 예기치 못한 일들의 연속이다. 원래 오늘 계획은 여기까지였으나 일기 예보가 보기 좋게 빗나갔다. 아침 일찍 출발한 덕분에 예상보다 일찍 도착하니, 남은 시간을 그냥 흘려보내기 아쉽다. 저녁까지는 충분한 시간이 남아 있어 갈 수 있는 데까지 더 가 보기로 한다. 다음 목적지를 한재공원 인증센터로 찍고 다시 페달을 밟는다. 예상치 못한 여정의 연장이 마치 보너스 받은 것 같다.

발 15:05 추암촛대바위 인증센터 → 11km/ 1h 착 16:05 한재공원 인증센터

QR 2-2-3 추암촛대바위 인증센터 → 강원 삼척시 정하동 48-193 → 한재공원 인증센터

총 상승 230여 m, 10여 ㎞ 거리인데, 오르막이 심해 맵상에 50분이 넘게 소요된다고 되어 있다. 이제부터 삼척 · 울진 구간 시작이다. 한재를 넘어가면 임원항까지는 이보다 높은 사래재, 용화재, 신남재, 임원재 네 개를 더 넘어야 한다. 숨이 넘어갈 정도가 되면 부득이 끌바(오르기 힘든 급경사 구간에서 자전거를 끌고 가는 것)도 해야 한다. 이 고개들은 마치 인생에서 맞게 되는 고비들 같다. 높고 낮은 고갯길을 넘으며 삶이 주는 시련과 그 뒤의 희열을 고스란히 느낄 수 있을 것이다. 고비들을 만날 때마다 나는 그저 묵묵히 페달을 밟을 뿐이다.

QR 2-2-4
비치조각공원

출발 후 삼척해변을 스쳐 지나, 새천년도로를 따라 20여 분쯤 달리면 비치조각공원에 도착한다. 넓은 주차장 건너 눈앞에 펼쳐진 동해 바다가 압도적인 장관을 선사한다. 맑고 푸른 물결이 끝없이 바람에 일렁이면 햇빛을 등에 업은 파도가 반짝이며 다가와 하얀 포말을 만든다. 잠시 자전거를 멈추고, 끝없이 펼쳐진 바다를 바라보며 깊은 숨을 들이쉰다. 잠깐의 휴식으로 힘을 얻고 다시 길을 힘차게 나선다.

새천년도로를 이용하는 사람은 보통 여기서 잠깐 쉬어가곤 한다. 새천년도로는 삼척해변과 삼척항 사이 약 4㎞ 구간을 말한다. 2000년 새로운 밀레니엄 시대에 동해 해맞이 관광 활성화를 위해 해안 절벽을 깎아 만들어졌다. 바위에

부서지는 하얀 파도와 함께 달리다 보면, 마치 바다 위를 나는 듯한 느낌을 준다. 도로는 부드럽게 굽이치며 이어지고, 바람은 바다의 향기를 가득 실어 온다.

QR 2-2-5
새천년도로

다시 한재공원을 향해 달린다. 6.6㎞의 오르막을 40여 분 걸려 올라간다. 경사가 만만찮은 구간이 더러 있어 입에서 단내가 난다. 페달을 밟는 다리 근육은 뻣뻣하게 굳어가지만, 이마를 스치는 시원한 바람이 고통을 잊게 해 준다.

한재공원에 도착해 보니 예상보다 황량하다. 자그마한 정자와 인증 부스 외에는 아무것도 없다. 주변을 둘러봐도 식당이나 숙소는 보이지 않는다. 고된 오르막을 오른 뒤의 기대감이 실망으로 바뀌는 순간이다. 잠시 숨을 고르고, 물 한 모금으로 갈증을 달랜 후 숙소를 찾아 다시 출발한다.

(발) 16:15 한재공원 인증센터　　→ 24km/ 2h　　(착) 18:15 삼척 장호해변

(좌)QR 2-2-6 한재공원 인증센터 → 장호해변 → 삼척펜션오라 / (중)영상QR 2-2-6 맹방해변 / (우)영상QR 2-2-7 초곡리를 지나 장호항으로

한재공원에서 앞쪽으로 보이는 긴 해변이 맹방해수욕장이다. 한재밑해변까지 10여 분 내리막길을 다리도 쉬면서 내려간다. 땀 흘린 뒤의 달콤한 보상이다. 해변을 따라 맹방해변까지 10여 분 가면 길은 해변을 벗어나고 산 쪽으로 방향을 튼다. 사래재와 용화재 두 개의 고개를 넘어가면 장호항이 있다. 힘겹게 오르막을 오르다 보면, 왼쪽에 대진항으로 내려가는 길이 나 있다. 그 길도

한재공원에서 본 맹방해수욕장

경사가 제법 있다. 그
다음으로 궁촌항을 만
난다.

여기는 고려 마지막
왕 공양왕의 능이 자리
하고 있다. 역사는 늘
힘 있는 자의 기록이라 했던가. 이성계에 의해 폐위된 공양왕은 간성으로 유배
되었다가 다시 이곳 궁촌으로 옮겨졌고, 결국 이곳에서 시해되어 생을 마감하
게 된다. 억울한 혼령을 위로라도 해 주고 싶지만 다리 힘은 빠지고 날은 저물
어 그냥 지나쳐 간다. 초곡해변을 지나면 다시 산길로 접어든다. 황영조기념공
원을 지나 10여 분 더 내려가면 드디어 장호해변에 도착한다.

날은 이미 어두워져 이곳에서 하루 묵기로 한다. 급히 숙소를 찾는데 거의
펜션이고 모텔은 딱 하나뿐이다. 방도 크고, 접이식 상과 취사 시설이 완비되
어 있고, 이름에 펜션도 병기된 것을 보니 펜션으로 운영하다가 모텔로 이름을
바꾼 것 같다.

샤워 후 저녁 식사가 가능한 식당을 찾았는데 모두 문을 닫았다. 장호리가
아주 작은 마을이라는 것을 인식하지 못한 실수다. 그나마 순댓국밥집 하나가
문은 열려있는데, 밥이 떨어져 식당에서는 식사를 할 수 없다고 한다. 순댓국
을 테이크아웃하고 편의점에서 햇반을 사 와 방에서 집식을 한다. 순댓국에 들
깨가 듬뿍 들어가 있어 생각보다 깊은 맛이 느껴진다.

주행 거리 129㎞. 오늘은 계획 목표 초과다. 그만큼 무척 힘든 하루였다. 입
에서 단내가 나고 숨이 꼴깍 넘어갈 때면 자전거고 뭐고 몽땅 내동댕이치고 싶
었다. 그런데도 페달을 계속 밟는 이유가 무엇일까? 아마도 오르막이 있으면
반드시 내리막이 있다는 것을 알기 때문이리라. 내리막길에서 느끼는 그 짜릿
한 기분은 모든 고통을 잊게 해준다.

생존율 3%의 고환암을 이겨내고 사상 최초로 "투르 드 프랑스"(3주 동안 프

랑스와 인접 국가를 일주하는 자전거 경기)를 7년 연속 우승한 전설적인 라이더 랜스 암스트롱 선수의 말에 그 진정한 답이 있지 않을까.

"고통은 잠깐이다. 포기는 영원히 남는다."

잠깐의 고통과 시련 때문에 인생의 목표를 잃고 싶지 않기 때문이리라. 오늘의 수고 덕분에 남은 길이 조금 더 여유로워지리라 생각하며 깊은 잠에 든다.

내일도 태양은 또다시 떠오를 것이다!

영상QR 2-2-8 장호항 들어가는 내리막길

일혼의 한 마디

"고통은 잠깐이다. 포기는 영원히 남는다."
- 랜스 암스트롱

고통 뒤에 오는 희열
: 임원

3

오늘의 목표지는 후포항이다. 대략 92㎞ 거리지만, 아침부터 만만치 않은 여정이 기다리고 있다. 오늘은 몇 개의 고개를 넘어야 하는 날이다. 총 상승 고도만 해도 1,402m, 하강 고도는 1,405m. 말 그대로 '산 넘어 산'이다.

2021
06/22 (화) | 발 06:25 장호항 삼척펜션오라   →10㎞/40m   착 07:05 임원 인증센터

QR 2-3-1 장호항 삼척펜션오라 → 임원 인증센터

마음의 준비를 단단히 한다. 오늘 아침부터 바로 신남재와 임원재의 업힐 구간이 기다리고 있다. 산길을 오르는 데는 체력 뿐만 아니라 마음가짐도 중요하다. 아침은 어제저녁 미리 준비해 둔 것으로 간단히 해결한다. 어제는 비 예보 때문에 일찍 출발했지만, 날씨와 관계없이 아침 일찍 길을 나서는 것이 여러모로 좋은 선택이다. 고요한 새벽 공기를 가르며 페달을 밟으면, 아직 잠든 세상이 서서히 깨어나는 소리가 들리는 듯하다. 신나게 페

QR 2-3-2 버스정류장
4224321 조개사

달을 밟으며 미지의 세계를 향해 다시 나아간다. 조계사 입구 근처까지 5분 정도 올라가면 갈남항이 보이는 언덕에 올라선다.

길남항 월미도

바다를 바라보니 작은 섬이 하나 떠 있다. 갈남항 앞 월미도다. 나무 사이로 보이는 섬의 형상과 회색 구름으로 덮인 하늘과 수평선, 그리고 가려진 아침 해가 바다에 그려낸 윤슬. 눈에 많이 익은 풍경에 잠시 자전거를 멈춘다. 황홀하다. 사진을 좋아하는 이들은 이런 순간을 만나면 가슴이 뛰지 않을 수 없다. 이 풍광을 그저 눈에 담고 머릿속에만 기억하기에는 너무나도 아깝다. 여기 갈남항 언덕 위 도로에서 바라보는 월미도 일출은 얼마나 더 아름다울지 상상해 본다. 날씨가 좋은 날 일출 시각에 맞추면 인생 사진 한 장 건질 수 있을 것이다. 5월과 6월 중 맑은 날 새벽 5시와 5시 20분 사이에 오면 바위 사이로 뜨는 해를 찍을 수 있다고 한다.

나무 사이로 보이는 섬은 마치 가면을 눕혀서 물 위에 띄워 놓은 듯하다. 머리는 남쪽으로, 턱은 북쪽을 향하고 있다. 아직 이른 아침이라 그런지, 마치 입을 벌리고 코를 골며 잠들어 있는 형상이다. 눈과 이마 부분에는 성냥개비를 꽂아놓은 듯 나무 몇 그루가 서 있다. 어딘가에서 본 듯한 풍경이다 싶었는데, 기억이 난다. 포항 지경리 해안에도 소나무를 머리에 이고 있는 비슷한 풍경의 바위가 있다. 일출 사진을 찍으려고 몇 번 갔었지만, 아직 인연이 닿지 않았다.

또 하나 떠오르는 곳이 있다. 바로 울산 진하해수욕장 앞바다의 명선도다. 이곳은 전국의 사진 애호가들이 즐겨 찾는 유명한 사진 촬영 장소다.

오래전, 사진 좋아하는 친구 따라 한겨울 새벽바람을 맞으며 진하해변에 간 적이 있었다. 친구는 일출 사진을 찍으러 간다고 했다. 일출까지는 한참 남았는데, 왜 이렇게 일찍 가는지 궁금했다. 도착해 보니, 어둠이 아직 짙게 깔려 있고 하늘은 조금씩 여명의 빛을 띠기 시작했다. 그런데 저 멀리 바닷가에는 까만 작은 물체들이 길게 띠를 이룬 채 서 있었다. 사진에 문외한이었던 나는 웬 까마귀 떼가 이 새벽 바닷가에 몰려온 건가 싶어 친구에게 물어보았다. 친구는 웃으며 저건 명선도 일출을 찍기 위해 밤새 관광버스로 달려온 사진가들이 삼각대를 세워놓고 기다리고 있는 것이라고 설명했다.

아직 일출 시각이 멀었는데 왜 찬 바닷바람 맞으며 밖에서 기다리는지 또 물었다. 친구는 이렇게 답했다. "해가 올라오기 시작하면서부터 수평선 위로 완전히 다 올라올 때까지 계속 촬영해야 한다. 이때 섬과 해의 위치가 달라지기 때문에 인생 샷을 건지려면 명당 자리를 먼저 차지해야 하기에, 자리 지키려고 몇 시간 동안 손을 호호 불어가며 기다리고 있단다." 사진도 4D 직업 (어렵고 힘든 직업)이란 말이 떠올랐다. 정말 좋아하지 않으면 어떻게 이런 노고를 감수하며 즐겨 할 수 있겠는가. 문득, 우리도 비슷하다는 생각이 든다. 새벽부터 해가 저물도록 한 뼘의 자전거 안장 위에 앉아 쉼 없이 다리를 움직이는 이 힘든 운동을, 우리는 기꺼이 즐기고 있지 않은가.

어떤 사람이 유명 산악인과 함께 등산한 적이 있다. 산을 오르다 힘이 드니 잠시 쉬어 가자고 하자, 산악인은 이렇게 물었다. "재미있는 산행을 하고 싶은

가요, 아니면 희열을 맛보는, 기억에 남는 등산을 하고 싶은가요?" 산행에 참여한 몇몇 사람들은 후자를 선택했고, 산악인은 그들을 쉬지 않고 정상까지 데려갔다. 정상에 도착한 뒤, 그는 말했다. "여러분도 느끼셨겠지만, 등산의 고통과 고난 뒤에 오는 희열은 우리가 겪은 고난의 깊이만큼 큽니다. 삶도 다르지 않습니다." 산이 높으면 골도 깊다. 우리는 직접 경험하고 있다. 오르막이 가파를수록 내리막은 그만큼 길고 짜릿하다는 것을.

다시 경사도 6% 구간을 30여 분 동안 오르면 넓은 주차장이 나타난다. 잠시 숨을 고른 후 조금 내려가면 신남항이 나온다. 항구 끝에는 신남 마을의 처녀, 애랑을 모시는 해신당이 있다. 이곳에는 애랑의 전설과 관련된 남근 조각 공원이라는 이색적인 장소도 자리하고 있다.

30여 분을 오르내리며 더 달리다 보면 왼편에 임원항이 보인다. 경사도 7% 도로를 계속 올라가는데, 맵이 도착 지점이 지났다고 알려준다. 확인을 해 보니 인증센터를 몇 백 미터나 지나왔다. 길가에 있는 인증센터를 못 보고 지나칠 리가 없는데 이상하다고 생각하며 되돌아가 보니, 인증센터가 눈앞에 떡하니 서 있다. 업힐 라이딩 중 집에서 온 전화를 스피커폰으로 받으면서 소리를 잘 들으려고 핸드폰 가까이 몸을 숙이는 바람에 못 보고 지나쳤다. 잠깐의 방심이 이처럼 쓸데없는 수고를 만든다. 집중해야 한다. 사소한 실수가 뜻밖의 고생을 불러오니까.

> **일흔의 한 마디**
>
> "노력 없이 얻어지는 것은 없다."
> - 벤자민 프랭클린

'대개', 삶의 여유를 느끼며
: 후포

4

| 2021
06/22 (화) | 발 | 07:15 양양 임원 인증센터 | → 4km / 25m | 착 | 07:40 엄마밥상 |

QR 2-4-1 임원 인증센터 → 강원 삼척시 원덕읍 옥원노곡길 26 (엄마밥상)

산을 내려오면서 점점 시장기가 느껴져 식당을 찾기 시작한다. 눈에 들어온 간판은 정겨운 이름, '엄마밥상'. 식당 안으로 들어서자 주인 할머니가 손수 내어놓은 반찬들이 시골의 옛 맛을 그대로 담고 있다. 푸짐하게 차려진 아침상, 특히 콩나물국이 시원하고 개운해서 속이 확 풀린다.

식사하는 동안, 태어난 지 얼마 안 된 강아지 한 마리가 식당의 귀염둥이로 눈에 들어온다. 이 녀석은 양말과 다리 토시를 물어뜯으며 노느라 정신이 없다. 내게는 필수품인 양말과 토시도 강아지에게는 그저 재미난 장난감일 뿐이다. 물어뜯는 모습이 귀여워 그냥 놔두었더니, 어느새 올이 다 나가버렸다. 결국 장갑을 흔들며 쫓아낸다. 누구에게는 소중한 것이라도, 그 가치를 알지 못하면 이렇게 무심히 다루게 되는 일이 많지 않은가. 내겐 중요한 물건이, 이 강아지에게는 그저 물고 놀 장난감에 지나지 않는 것처럼.

어릴 적 기억이 문득 떠오른다. 방학이면 점심을 먹고 나서 동네 아이들이 길 한편, 우리가 놀이터 삼아 만든 장소에 모이곤 했다. 놀이는 철 따라 바뀌었는데, 그날은 구슬치기였다. 운수가 따라주지 않았는지, 저녁 무렵이 되자 그 많던 구슬을 다 잃고 마지막으로 남은 것은 아끼던 색 구슬 하나뿐이었다.

그때였다. 우리 옆을 한 아저씨가 지나갔다. 그런데 아뿔싸! 그의 발이 내 소중한 마지막 구슬을 툭 차고 간 것이다. 구슬은 빙그르르 굴러가더니 저 멀리 시궁창으로 쏙 들어가 버렸다. 그 순간, 가슴이 철렁 내려앉았다. 시궁창은 어둡고 깊어, 그 안에 들어가면 구슬을 찾을 수 없었다. 나는 걸어가는 아저씨에게 항의했다. "하나 남은 구슬이에요! 이건 비싼 색 구슬이라고요!" 하지만 아저씨는 잠시 뒤돌아보더니, 미안하다는 말 한마디 없이 그냥 걸음을 옮겼다. 아무 일도 아니라는 듯한 표정이었다.

억울한 마음에 저녁은 한술 떠다가 말았다. 엄마가 물어도 그냥 밥 먹기 싫어서라 둘러댔다. 그날은 세상 모든 어른이 미웠다. 어른들의 무심함과 내 소중한 구슬이 사라진 자리의 허전함이 오랜 시간 가슴속에 묵직하게 남아 있다. 소중함은 잃어본 사람만이 그 가치를 깨닫게 된다는 사실과 함께.

발 08:25 엄마밥상 → 27㎞/ 1h 55m 착 10:20 커피루나

(좌)QR 2-4-2 강원 삼척시 원덕읍 옥원노곡길 2 (엄마밥상) → 강원 삼척시 원덕읍 월천리 산 1-18 → 강원 삼척시 원덕읍 월천리 659 → 강원 삼척시 원덕읍 월천리 585-2 → 커피루나 / (우)영상QR 2-4-2 삼척해안 파도

강원도와 경북 북부는 산악 지대가 많아 해안에 조성된 항구 간 연결된 해안 도로가 없는 곳이 많다. 특히 삼척—울진 구간은 항구에서 다음 항구로 연결하

는 도로가 산을 넘는 구간이 많고, 경사도 대단하다. 또 이쪽 지역은 시멘트 관련 연관 산업도 많은데, 산 중간에 가끔 보이는 것은 거의 레미콘 공장들이다. 강원도에는 시멘트 공장뿐만 아니라 석탄 광산이 많았다. 이 지역의 환경을 단적으로 보여주는 것이 바로 아이들의 그림이었다. 시멘트 공장 지역의 아이들은 회색으로 그렸고, 광산촌의 아이들은 검정색으로 칠했다. 경제 개발이 한창이던 그 시절, 이들 산업은 국가 발전에 큰 공헌을 했지만, 이제는 세월의 부침 속에서 쇠락해 가고 있다. 그 영욕의 흔적을 지켜보면서 서글픈 마음을 금할 수 없다.

10여 분을 가면 호산항이 보이고 가파른 산악 지대지만 작은 해변들이 있다. 월천, 고포, 나곡해변을 지나 10㎞ 거리를 1시간가량 걸려 석호항에 닿는다. 다시 후정, 봉평해변을 지나는데 피곤이 슬슬 찾아온다. 아침부터 업 다운을 많이 한 후 시장해서 아침을 많이 먹은 탓이다. 휴식을 취할 장소를 찾으며 달리다 보니, 바닷가에 2층짜리 멋진 카페가 홀로 서 있다. '커피루나'라는 간판이 눈에 띈다.

발 10:50 커피루나 → 21㎞/1h 30m 착 12:20 망양휴게소 인증센터

(좌)QR 2-4-3 커피루나 → 경북 울진군 울진읍 고성리 1-10 · 경북 울진군 울진읍 읍내리 655-2 → 망양휴게소 인증센터
(중)영상QR 2-4-3 울진은어다리 가는 길 / (우)영상QR 2-4-4 은어다리 꼬리에서 입으로 통과

오랜만에 푹 쉬고 나니 몸이 한결 가볍고, 다시 힘이 솟는 느낌이다. 이제 후포까지 남은 거리는 51㎞. 약 3시간 반 정도면 도착할 수 있을 것 같다. 출발하

여 20여 분 달리면 울진읍을 지나 울진은어다리가 나온다. 첫날 차창으로 보았던 은빛 물고기 모양의 다리다. 다리에는 은어 두 마리가 서로 마주보고 있다. 우리는 첫 번째 은어의 꼬리 부분으로 들어가서 두 번째 은어의 꼬리 부분으로 빠져나간다. 인증센터는 다리 지나 오른쪽에 있다. 왕피천을 넘어가면 망양정이 나온다. 관동 제일루란 현판을 하사받을 정도로 경치가 빼어나 관동팔경 중에서도 제일이라 하는 곳이다. 파도가 잡힐듯한 바닷가 길을 따라 산포, 진복, 오산, 덕신, 영신을 거쳐 12㎞ 가량 달리면 망양휴게소에 도착한다. 인증센터는 100여m 앞에 있다.

발 12:30 망양휴게소 인증센터 → 10km / 40m 착 13:10 기성어촌체험마을

(좌)QR 2-4-4 망양휴게소 인증센터 → 기성어촌체험마을 / (우)영상QR 2-4-5 사동항 가는 오르막길

망양휴게소 인증센터를 출발하여 10여 분 달리면 울진 대게공원이 보인다. 다시 해변 따라 10여 분을 더 달리면 기성망양해변 끝자락에 닿는다. 여기서부터 짧지만, 경사도 14% 길을 올라 짧은 터널을 지나면 내리막길로 사동항까지 그냥 내려간다. 기성망양해변과 사동항을 지나 10여 ㎞를 달리면 기성항이다. 점심때가 지났기에 식사하고 가기로 한다. 기성어촌체험마을 건물에 '씨푸드'란 간판을 단 식당이 눈에 띈다. 이곳의 메뉴는 단출하다. 딱 두 가지뿐이다. 전복 해물 칼국수와 멍게 비빔밥! 입맛이 없을 때 산뜻하게 입맛을 돋우는 메뉴들이다. 나는 멍게를, K는 칼국수를 주문한다. 메뉴의 안내문을 가만히 보니 와플은 공짜라 되어 있다. 어촌 체험하러 오는 분들을 위한 작은 서비스다. 식

사 후에 준비된 재료로 직접 구워 먹어보니 재미도, 맛도 쏠쏠하다. 몇천 원 되지 않는 칼국수 팔아서 얼마 남지도 않을 텐데 와플까지나! 주인장께 감사 인사는 빠뜨리지 않는다.

발 14:00 기성어촌체험마을 → 9km / 40m 착 14:40 월송정 인증센터

QR 2-4-5 기성어촌체험마을 → 월송정 인증센터

척산1리회관에서 기성로를 따라 좌회전해 조금 달리면 다시 해변 길로 이어진다. 파도 부서지는 소리가 귓가에 속삭이듯 들리고, 바다 내음이 코끝을 스친다. 이렇게 40여 분을 달려 구산을 지나면, 곧 월송정 인증센터에 도착한다. 중국 월나라의 소나무를 가져와 심었다고 해서 월송정(越松亭)이라 불린다. 하지만 이곳은 단순히 풍경을 감상하기 위한 정자가 아니다. 원래는 왜구의 침입을 감시하기 위해 세운 망루였다. 잠시 자전거를 멈추고, 옛날 망루에 서서 동해를 바라보던 이들의 나라를 걱정하던 마음을 떠올려 본다.

발 14:50 월송정 인증센터 → 10km / 40m 착 15:40 후포항

QR 2-4-6 월송정 인증센터 → 후포항

울진과 후포 지역에 오면 '홍게'를 빼놓을 수 없다. 이곳의 명물인 홍게는 누구나 인정할 만큼 맛이 좋아 유명하다. 길가에는 커다란 홍게 조형물이 두 팔을 벌리고 마치 춤을 추는 듯한 형상으로 서 있다. 홍게 맛을 보러 식당으로 향하는데, 담벼락에 큼직한 화살표와 함께 휘갈겨 쓴 글자가 눈에 들어온다. '대개'라 적혀 있다. 순간 웃음이 터졌다. '대게'든 '대개'든, 맛있는 건 분명하니까.

식당 안에 들어가니 벽에 친절한 안내문이 붙어 있다. 앞으로 대게를 살 때 꼭 참고하라는 내용이다.

'후포리 붉은 대게는 새끼 다리 포함, 다리 한 개까지는 정품으로 입찰 받아옵니다. 참고 부탁드리며, 찜 요리는 2마리 이상부터 가능합니다. 감사합니다.'

결국, 대게 다리 하나 떨어져 있어도 정품이니 시비하지 마시라는 말씀이다. 오늘도 이렇게 홍게의 진한 맛과 함께 하루를 마무리한다. 내일은 포항 죽도시장에 들러 다양한 해산물과 활기찬 시장 풍경을 즐길 생각에 벌써 설렌다.

> **일흔의 한 마디**
>
> "누구에게는 보잘것없는 것이 누군가에게는 소중한 전부일 수 있다."

고난은 소리 없이
: 축산

오늘은 경주 안강까지 110㎞를 달린다. 총 상승 1,198㎞ 하강 1,186㎞지만 경사도 2% 정도로, 지나온 길보다 수월한 구간이다.

| **2021**
06/23 (수) | 발 07:25 후포항 | → 18㎞/ 45m | 착 08:10 대진항 |

(좌)QR 2-5-1 후포항 → 대진항 / (우)영상QR 2-5-1 칠보산휴게소 지나 대진항 가는 길

설레는 가슴 안고 힘차게 페달을 밟으며 맛있는 아침이 기다리는 대진항을 향해 달려간다. 내리막길이다. 라이딩은 항상 즐겁다. 업힐이든, 평지든, 다운힐이든 각각의 구간은 그 나름의 독특한 맛이 있다. 그중에서도 다운힐의 짜릿함은 자전거를 타는 큰 묘미 중 하나다. 힘든 업힐 후 시원한 바람이 땀을 씻어 주고 다리도 쉬어 가면서 그저 내려올 때의 기분이란. 휘파람이 절로 난다. 그러나 이 달콤한 순간이, 고난의 업힐 없이는 결코 얻을 수 없는 보상임을 잊어서는 안 된다.

다운힐의 달콤함에 취해 내려오다가 문득 생각에 잠긴다. 왜 나이 든 사람

들은 자전거를 잘 타지 않을까? 체력이 달려서일까, 아니면 다리의 힘 때문일까? 아니면 위험을 감수하는 용기가 부족해진 탓일까? 어쩌면 나이를 먹어 가며 우리는 점점 편안한 길을 더 선호하게 되고, 그 과정에서 얻을 수 있는 작은 기쁨들을 놓치게 되는지도 모르겠다.

많은 의사는 무릎 통증을 호소하는 나이 든 환자들에게 '무리하지 않는 범위 내에서 걷기'를 권장한다. 언뜻 들으면 모순된 처방처럼 들린다. 문제가 있는데도 운동을 하라니 말이다. 그러나 자세히 생각해 보면 이 권고가 지닌 깊은 의미를 이해할 수 있다. 몸을 가만히 두면 오래 쓸 수 있을 것 같지만, 실상은 그렇지 않다. 자동차도 오랫동안 세워 두면 기계 성능이 저하되니 가끔 시동을 걸어 주어야 하고, 사람이 살지 않는 집은 점점 낡아 쇠락해 간다. 신체도 마찬가지다. 움직임이 없으면 관절과 근육은 점차 기능을 잃고 약해질 뿐이다.

특히 노년기에는 자전거 타기를 추천한다. 밖에서 자전거를 타기 어렵거나 자전거를 탈 줄 모르는 경우라면 실내 자전거라도 타는 것이 좋다. 그 이유는 간단하다. 걷는 것보다 자전거 타기는 무릎에 걸리는 부담이 훨씬 적기 때문이다. 자전거의 안장이 상체의 무게를 받아 주어, 무릎 관절에 직접 가해지는 하중이 줄어든다. 반면 걷는 운동은 상체의 무게가 고스란히 무릎으로 전달되기 때문에, 무릎 통증이 있는 경우 더 부담된다. 의사들이 심혈관 질환 환자들에게 권장하는 운동을 살펴보면, 자전거 타기와 수영을 흔히 추천한다. 두 운동 모두 관절에 가해지는 부담이 적어, 무릎이나 허리에 문제가 있는 사람들에게 안전한 선택이기 때문이다.

자전거 라이딩 중 운동 강도는 최대 심박수 대비 현재 심박수의 비율로 측정한다. 일반적으로 권장되는 강도는 최대 심박수의 60~80% 정도, 즉 중간에서 약간 높은 강도로 유지하는 것이 좋다. 평지를 이 강도로 한 시간 달리면 약 420kcal 정도의 에너지가 소모된다. 불필요한 열량을 태워 적정 체중을 유지하기에 자전거만큼 효율적인 운동도 드물다. 심혈관 건강에도 좋고, 체중 관리에도 효과적인 최고의 운동이다.

해변 길을 따라 약 30분을 달리면, 첫날 버스로 강릉을 향할 때 점심을 먹었던 칠보산휴게소에 도착한다. 휴게소를 다시 마주하니 감개무량하다. 이 작은 발과 짧은 두 다리로, 1분에 90번 정도 페달을 돌리는 미미한 속도(자동차와 비교하자면 그렇다.)로 이 먼 곳까지 다시 내려온 것을 떠올리면 스스로가 대견하게 느껴진다.

고래불해변 소나무 두 그루

휴게소를 지나 조금 더 달리면 백석항이 나온다. 이곳을 지나면서부터 해변이 끝없이 이어진다. 백석, 고래불, 영리, 덕천, 대진해변까지 8㎞ 정도 구간에 펼쳐져 있다. 중간의 고래불해수욕장 입구에서 바다를 배경으로 서 있는 나무 두 그루가 눈길을 사로잡는다. 너무나 멋진 풍경이라 잠시 자전거를 멈추고 사진을 남긴다. 동해 명사 20리로 불리는 고래불해변의 이름은 목은 이색이 지었다고 한다. '불'은 '뻘'의 옛말이니 '고래가 놀던 뻘' 정도가 되겠다. 몇 분 더 가 대진항에 닿는다. 대진항은 아주 작은 어촌인 데다가 아침이라 밥 먹을 데가 없다. 고픈 배를 달래며 다음 항구인 축산항으로 향한다.

발) 08:20 대진항   → 7㎞/20m   착) 08:40 축산항 꿀꿀이짱돼지국밥 (조식)

(좌)QR 2-5-2 대진항 → 꿀꿀이짱돼지국밥 (축산항) / (우)영상QR 2-5-2 축산항 가는 길

하늘엔 낮게 깔린 구름이 두껍게 드리워 있고, 은빛 바다가 그 아래에서 잔잔히 출렁인다. 바닷가 바위에 철썩이는 파도는 포말을 하늘로 흩트리며 춤을 춘다. 그런 바다를 친구 삼아 이야기를 나누듯, 바다와 나란히 달린다.

길가에 오징어를 말리는 집들이 보인다. 마치 국군의 날 열병식처럼, 오징어들은 차렷 자세로 10열 횡대에 4열 종대를 이루며 나란히 걸려 있다. 질서 정연하게 매달린 모습이 특유의 풍경으로 다가온다.

드디어 축산항에 도착한다. 맵의 안내를 따라가다 보니 길이 없다. 이번 라이딩 동안 카카오맵을 자전거 내비게이션으로 사용하고 있는데, 전반적으로 유용하지만 이렇게 업데이트가 안 되었거나 다른 루트를 안내하는 경우가 가끔 있어 당황스럽다. 그래도 대체로 만족스럽게 길을 안내해 주니 큰 불평은 없다.

식당 수족관에서 홍게를 건지고 있는 한 가게 주인이 보인다. 다가가 가격을 물으니, 홍게를 쪄서 테이크아웃하는데 한 마리에 2만 원이라 한다. 어제 후포항에서 먹었던 홍게와 비슷한 가격이다. 축산항은 대진항보다 규모가 크지만, 아침이라 문을 연 식당은 여전히 찾기 어렵다. 한 동네 분께 아침 식사 맛집을 추천받아 찾아간 곳은 바로 '꿀꿀이짱돼지국밥'이다.

다행히 문이 열려 있어 얼마나 반가운지 모른다. 아침 시간도 지나 시장기가 돌던 참이라, 식당에 들어서니 벌써 입안에 침이 고인다. 주인장에게 이 집에서 가장 맛있는 메뉴를 물으니, 자신 있게 '소내장탕'을 추천한다. 내장탕은 자칫하면 특유의 냄새가 날 수 있지만, 이 집의 내장탕은 깔끔하고 깊은 맛이 일품이다. 국물을 한 숟갈 떠먹는 순간, 아침부터 소주 생각이 날 정도다. 집 가까이에 있다면 포장해 가서 소주 한 잔 곁들였을 텐데 아쉽다. 특히 주인장이 만들어 준 독특한 상추 무침은 별미 중의 별미다. 상추를 살짝 데쳐 조물조물 무쳐 낸 것인데, 아삭하고 고소한 맛이 내장탕과 잘 어울린다. 혹시 축산항을 지날 일이 있다면, 이곳의 소내장탕을 꼭 한번 맛보길 강력히 추천한다. 바다의 풍경만큼이나 진한 맛과 따뜻한 인심이 기억에 남는다.

QR 2-5-3 꿀꿀이짱돼지국밥 → 바다다

축산항까지는 아침이라 봐준 건지, 다행히 큰 오르막 없이 수월하게 달렸다. 하지만 아침 식사 후 출발하자마자 기다리고 있는 건 연속된 업힐이다. 늦은 아침을 배불리 먹고 소화도 채 되지 않은 상태라 더 힘들다. 심한 업힐 구간에서는 결국 자전거를 끌고 올라가는 '끌바'를 한다. 이럴 때마다 무거운 짐이 원망스럽다. 정말 필요한 것들만 꼼꼼히 따져가며 챙겼지만, 오르막에서는 자전거마저 버리고 싶을 정도로 짐의 무게가 크게 느껴진다. 평지에서는 그리 무겁게 느껴지지 않던 짐도, 오르막에서는 마치 커다란 돌멩이를 등에 얹고 가는 기분이다. 하지만 꿋꿋이 올라간다. 이런 고난을 이겨낼 수 있는 건, 어딘가에는 꿀맛 같은 내리막길이 기다리고 있을 거라는 믿음 덕분이다.

경정항을 지나면 경정, 오보, 대탄, 등 자그마한 해변 외에는 바닷가 바위 구간의 길이 1시간 정도 이어진다. 영덕 해맞이 공원을 지난다. 아침 햇살이 바위를 비추며 바다를 물들이는 풍경은 분명 장관이겠다. 길을 가다 보니 눈길을 끄는 독특한 풍경이 있다. 집 담벼락 밑에 심어진 상추가 나무처럼 커다랗게 자라 화분 안에 자리하고 있다. 그중 몇몇은 고무 대야에 심겨 있는데, 대야에는 끌고 다니기 위한 줄까지 달려 있다. 이동형 화분이라니, 참신한 아이디어가 돋보인다.

바다다 카페 앞 솟대

가던 중 용변이 급해 편의점에 세웠다. 불행히도 'closed' 팻말이 달려 있다. 그 옆 벤치 위 지붕에 붙여놓은 커다란 붉은 대게 조형물이 여기가 영덕임을 알려준다. 조금 더 가니 공중화장실이 보인다. 달려가 보니 '지반 침하로 인해 당분간 사용 불가'란 안내문이 붙어 있다. 오늘은 일진이 별로인 날인가 보다.

K가 커피 생각이 난다기에 카페를 찾으면서 내려간다. 간판이 'Badada cafe'란 이쁜 카페를 발견하고 쉬어가기로 한다. '바다다'를 영어로 표기한 것 같은데, 입구와 창문 위에 설치한 빨간색 차양이 매혹적이다. 내부도 깔끔하고 아기자기하게 잘 꾸며져 있다. 심지어 화장실까지도. 강구면 금진리 해안 도로를 지나갈 때 꼭 들러보시라.

카페의 길 건너에는 솟대들이 열을 지어 서 있다. 바다를 배경으로 하니 색다른 맛이 난다. 사진을 몇 장 찍어서 보니 K가 먼바다와 솟대를 배경으로 앉아 있는 사진이 제일 멋있다. 얼굴이 좀 피곤해 보이긴 하지만…

일혼의 한 마디

"오르막이 있으면 내리막도 있다."

장사해변의 기억과
정년의 자물쇠 : 장사

2021
06/23 (수) | 발 11:00 바다다 → 23km / 1h 50m 착 12:50 반송정국시 (점심)

(좌)QR 2-6-1 바다다 → 반송정국시 / (우)영상QR 2-6-1 강구항

QR 2-6-2
장사해수욕장

자전거 바퀴는 오늘도 변함없이 돌아간다. 바람을 가르고, 고개를 넘으며 동해안 어느 길 위를 달린다. 바다다 카페를 출발한 지 10여 분 만에 영덕 해파랑 공원을 만난다. 바로 강구항, 대게의 고장이다. 강구를 얼마 지나지 않아 자전거 덱 길이 끊어져 있는 바람에 더 갈 수가 없다. 하는 수 없이 자전거를 메고 분리대를 넘어 차도로 나온다. 남호해변과 구계항을 지나며 50여 분을 달려가면 장사해수욕장에 이른다. 이곳은 특별한 기억이 깃든 곳, 내 청춘의 한 페이지를 떠올리게 하는 장소다.

처음 직장에 입사하면 소위 신입 사원 연수라는 것을 받는다. 우리도 일주일을 받았지만 연수라 할 수도 없었다. 그 당시 회사가 워낙 바쁜 나머지 제대로 된 교육도 없이 간단한 안내만 받은 후 부서에 배치되었다. 업무를 익히지도 못한 상태로 정신없이 현업에 투입되었다. 휴일도 없이 공장이 돌아갈 때라 선임자의 힘을 빌리지도 못한 채 홀로 일에 적응해 갔다. 갈수록 쌓여 가는 신입의 스트레스에 지쳐 갈 무렵, 반가운 소식이 들려왔다. 그룹 차원의 남녀 통합 신입 사원 하계 수련회 소식이었다. 그렇게 도착한 곳이 바로 이곳, 장사해수욕장이었다. 회사가 마련해 준 버스에서 내려 모래사장에 발을 디딘 순간부터 일상에서 벗어난 자유를 만끽했다. 끝도 없이 이어지는 모래사장과 젊음, 혈기 왕성한 청춘들이 만든 역사들. 마음속의 답답함을 모래밭에 쏟아내며 삶의 무게를 잠시 내려놓았다. 그때부터였으리라. 첫 직장에서 인생을 바치리 라는 평소 신념이 더욱 충만해져 갔고, 정년퇴직이란 자물쇠가 내 가슴에 단단히 채워졌다.

회사의 성장과 함께 나의 성장도 빨라지면서 한 발 한 발 앞으로 달려 나갔다. 하지만, 잦은 야근과 쉴 없는 삶은 몸과 마음을 지치게 했다. '이직'이라는 두 글자가 자주 떠올랐다. 그렇지만 현실은 쉽지 않았다. 잠시 고향으로의 귀환을 꿈꾸던 시절이 있었지만, 언젠가부터 마음을 다잡고 다시 회사 생활에 전념하기 시작했다. '이직 앓이'에서 벗어나 다시 본 궤도로 돌아왔다.

시간은 끊임없이 흘렀고, 회사도 경기의 파도 속에서 부침을 반복했다. 회사의 사정에 따라 부서가 바뀌고, 새로운 일에 적응해야 했다. 많은 사람이 떠났고, 남아 있는 이들 역시 각자만의 이유로 이 굴곡을 견뎌야 했다. 그리고 드디어 정년퇴직을 했다. 장사해수욕장에서 마음에 채워졌던 그 자물쇠는 끝내 열리지 않았다.

방석항을 지나 20여 ㎞를 달려오니 어느새 마음은 텅 비고, 머릿속은 단순해진다. 오롯이 페달을 밟으며 길 위에 나를 내려놓는 시간이다. 앞서 앞만 보고 가고 있는데 K가 부른다. 고개를 돌려보니 점심을 먹고 가자고 한다. "반송정 국시"라는 소바 전문점 앞이다. 이전에 함께 왔던 기억이 난다. 지난번 올 때는

7번 국도에서 차로 한참 들어왔는데 동해안자전거길 옆에 있다. K의 기억력은 아직 쓸 만한 것 같다.

식사를 기다리며 주위를 둘러보다 계단식 발판 모양의 기계를 발견했다. 푸드 로봇이다. 테이블까지 음식을 배달해 주는 모습이 신기하다. 기계 값이 자그마치 이천만 원이 넘는다고 하는데, 인건비와의 경쟁 속에서 로봇을 도입한 주인의 결단이 앞으로 다가올 세상을 예고하는 듯하다. 이 덕분에 아마 아르바이트생 두 명 정도는 줄었을 것 같다. 포항 송라면 해안로를 지나거든, 아니 일부러라도 꼭 한번 들러보시길 추천한다.

발 13:35 반송정국시   → 22㎞/ 1h 30m   착 15:05 죽천해수욕장

(좌)QR 2-6-3 반송정국시 → 죽천해수욕장 / (우)영상QR 2-6-3 죽천해수욕장

식사를 마치고 다시 길을 나선다. 자전거 바퀴는 월포, 칠포해변을 지나 영일만항을 거쳐 죽천해수욕장에 닿는다. 모래사장이 넓게 펼쳐진 이곳은 낚시꾼 몇 명 외엔 황량하다. 그러나 조용히 피어난 송엽국이 바위틈에서 선명한 핑크빛으로 반긴다. 세월이 흘러도 그 자리에서 꿋꿋이 피어난 이 꽃처럼, 나 또한 이 길 위에서 나의 역사를 쌓아간다.

발 15:20 죽천해수욕장   → 26㎞/ 2h 5m   착 17:25 안강 바이킹 모텔

(좌)QR 2-6-4 죽천해수욕장 → 포항폐철도근린공원 → 바이킹 모텔 / (우)영상QR 2-6-4 포항폐철도근린공원 자전거 길

다시 자전거에 올라 목적지를 양동에서 안강으로 바꾸어 달린다. 새천년대로를 따라가던 동해안자전거길은 양덕교차로에서 좌회전하여 삼호로를 따라간다. 영일대해변을 지나 얼마 안 가서 학산로로 이어진다. 포항도시숲자전거길을 따라가다 용흥교차로에 닿으면 포항폐철도근린공원이란 특별한 공원을 만난다.

2015년 4월 KTX 신설과 함께 도심에 있던 동해남부선 포항역이 흥해로 이전했다. 이 폐철길을 숲과 공원으로 만들고 포항폐철도근린공원이란 이름을 붙였다. 효자역 인근 효자 교회부터 구 포항역까지 4.3㎞의 철길이 자전거 도로로 변해서 2019년 5월 개통되었다. 이 구간에는 화장실, 음수대 등 편의 시설이 잘 구비되어 있어 많은 사람들이 찾고 있다. 다른 도시들도 참고하면 좋겠다. 포항폐철도근린공원에 이어진 자전거 길에는 오래된 철로와 도시 숲이 어우러져 있다. 버려진 철로가 숲과 공원으로 변하고 자전거 도로로 재탄생 하여 이제 수많은 사람의 추억이 쌓여 가는 장소가 되었다.

폐철도 자전거 길이 끝나는 효자교회에서 형산강자전거길로 찾아 들어간다. 자전거 길은 형산강을 따라 한참을 가다 인동 삼거리에서 제2강동대교를 건넌다. 호국로를 따라가다 안강중앙로를 타고 가면 가늘어진 해가 길 위에 그림자를 길게 드리울 즈음 숙소에 도착한다.

모텔에서 여장을 풀고 저녁 식사를 하러 나선다. 전통 시장을 지나 예전의 정취가 그대로 남아 있는 거리와 오래된 이용소 간판을 바라보니 타임머신을 타고 과거로 돌아온 기분이다. 길가 어느 집에 피어 있는 예쁜 꽃들도 옛날 우

리 집 마당 한편의 화단을 생각나게 한다. 채송화, 맨드라미, 앵두, 수세미, 분꽃…. 숙소 사장이 추천한 '무다리 식당'으로 간다. K와 마주 앉아 도란도란 옛날이야기 나누며 맛있게 식사한다. 이 집 전문은 돼지 두루치기. 국물이 있는 게 특징이다. 딱 설명하기는 어려운데, 여태까지 먹어본 돼지 두루치기와는 다른 뭔가가 있다는데 K와 의견 일치를 본다. 여기도 맛집으로 강추!

QR 2-6-5
무다리 식당

K의 집이 있는 울주를 내일 최종 목적지로 정하고, 경주를 거쳐 가는 코스를 잡는다. 이제 단 하루 남았다. 긴 대장정이 마침내 끝을 향해 가고 있다. 이 여정의 마지막까지 무탈하기를 마음속으로 기도한다. 이 길의 끝에서 기다릴 평온한 일상, 그것은 마치 오랜 항해 끝에 도달한 고요한 항구 같을 것이다. 더는 서두르지 않아도 되고, 더는 멀리 바라보지 않아도 되는 그 순간을 떠올리며 오늘을 조용히 정리한다.

> **일흔의 한 마디**
>
> "구절양장(九折羊腸). 험하고 굴곡 많은 시절을 견디고 정년까지."

고단한 삶에
생기 한 사발 : 경주

드디어 대장정의 마지막 날이 밝았다. 아침 햇살이 포근하게 감싸는 가운데, 숙소에 비치된 컵라면으로 간단히 식사를 마치고 느긋하게 출발할 준비를 한다. 오늘은 경주를 한 바퀴 돌아 용산회식당에서 맛있는 회덮밥을 먹고, 울주 구수리 K의 집에서 해단식을 하면 긴 동해안 자전거 종주 여행의 막을 내린다.

2021
06/24 (목) | 발 08:30 안강   → 23km/ 1h 30m   착 10:00 첨성대

(좌)QR 2-7-1 바이킹모텔 → 경북 경주시 안강읍 근계리 2-27 → 경북 경주시 안강읍 사방리 63-5 → 경북 경주시 현곡면 리원리 500
→ 경북 경주시 서부동 257-2 → 첨성대 / (우)영상QR 2-7-1 형산강자전거길 타고 첨성대로

어제 들렀던 무다리 식당을 다시 지나, 근계교를 건너 안현로를 따라 나아간다. 형산강을 타고 시원한 바람을 가르며 1시간여를 달리면 금장교가 나온다. 다리를 건너 20여 분 더 달리면 첨성대에 이른다. 경주도 강변로를 따라 자전거 도로가 잘 조성되어 있어 다른 곳 못지않다. 자전거 도로는 넓은 둔치 옆으로 나 있어 벤치에 앉아 쉬는 이들의 여유가 흐른다. 충격을 흡수할 수 있는 재료로 만든 러닝용 길과 걷는 길이 그 옆에 나란히 놓여 있어, 다양한 보행자들

이 각자의 속도로 세상과 소통하고 있다.

첨성대에 오랜만에 발길을 옮긴다. 신라의 선덕여왕 시절, 천문 관측소로 세워진 이곳은 천년이 넘는 세월 동안 수많은 이야기를 품어왔다. 오늘따라 찾는 이가 없어 쓸쓸하다. 근처 모과나무에 매달린 모과 몇 점이 무심한 얼굴로 첨성대를 지키고 있다. 다시 인근의 월정교로 향한다.

(좌)QR 2-7-2 첨성대 → 월정교 / (우)영상QR 2-7-2 월정교 가는 길

"누가 자루 빠진 도끼를 주리요? 내가 하늘을 떠받칠 기둥을 만들겠노라." 이 힘찬 외침은 원효대사와 요석공주, 그들의 사랑 이야기로 가득한 월정교에서 흘러나온다.

월정교에 얽힌 전설은 이렇다. 원효대사가 "누가 자루 빠진 도끼를 주리요? 내가 하늘을 떠받칠 기둥을 만들겠노라."라며 노래를 부르며 다녔다. 이는 요석공주를 향한 구애의 연가였다. 무열왕은 이 뜻을 알았다. 원효대사와 요석공주의 인연을 이어주기 위해 신하를 보내 그를 맞이하도록 했다. 원효대사는 옷을 입은 채로 월정교에서 떨어져 물속으로 빠지게 되고, 과부인 요석공주가 거주하던 요석궁으로 인도된다. 둘은 함께 지내게 되며, 신라의 대학자인 '설총'이 태어나는 운명적인 사건이 벌어진다. 월정교는 원효대사와 요석공주의 사랑이 피어난 바로 그 현장이다. 사실 여부는 차치하더라도, 오늘날에도 사랑을 이루고자 하는 선남선녀들이 찾아와 간절한 소원을 빌고 간다.

발 10:35 월정교 → 2km/ 5m 착 10:40 오릉

QR 2-7-3 월정교 → 경북 경주시 탑동 231-1 → 오릉 주차장

신라의 탄생과 관련된 설화가 오롯이 간직된 오릉. 신라 초기의 왕릉으로, 시조인 박혁거세와 알영부인, 2대 남해왕, 3대 유리왕, 5대 파사왕 등 다섯 명의 무덤이 모인 곳이라 전해진다. 일명 사릉이라 불리기도 하는 이곳의 명칭은 박혁거세가 승하한 후 7일 만에 그의 유체가 다섯 개로 나뉘어 땅에 떨어졌기 때문에 붙여진 이름이다. 이를 합장하려 하자 큰 뱀이 방해하였고, 그래서 다섯 군데에 각각 매장하였다는 『삼국유사』의 기록에서 유래되었다.

경주역사문화탐방 스탬프 투어라는 프로그램이 흥미롭다. 경주의 주요 관광지를 돌며 스탬프를 찍는 이 프로그램은 완료 후 신청하면 기념품도 받을 수 있다. 자전거로 이런 관광을 해보는 것도 좋은 경험이 될 듯하다.

발 10:43 오릉 → 8.3km/ 27m 착 11:10 용산회식당

(좌)QR 2-7-4 오릉 주차장 → 용산회식당 / (우)영상QR 2-7-4 포석정 지나 용산회식당 가는 길

용산회식당 낙서

　'용산회식당'에 도착한다. 우연히 맛본 횟밥의 정수를 잊지 못해 종종 들리게 된 단골 식당이다. "어서 오세요!"란 유쾌한 인사가 끊이지 않는다. 가족들이 운영하는데 모두 친절하다. 이 집에 다녀가면 생기가 돋고 기분이 좋다. 신선한 재료로 사랑과 감사를 듬뿍 담아내는 음식의 맛은 기본이고 친절이 더해져서 그런 모양이다.

　이 집 메뉴는 단출하다. 회덮밥 하나뿐이다. 식사를 기다리는 동안 벽면과 천장까지 도배된 방문객들의 후기 낙서를 보는 것도 재미있다. 오랜 글씨들은 백발처럼 희어지고, 그 위를 젊은 글씨들이 덮고 또 덮는다. 낙엽이 되어 스러지는 삶 속에서 다시 새잎이 돋아나는 모습을 본다.

발　12:00 용산회식당　　→ 8.3km/ 1h 5m　　착　13:05 두서면 인보경로당

(좌)QR 2-7-5 용산회식당 → 인보경로당 / (우)영상QR 2-7-5 졸면서 인보경로당으로

  자전거를 타고 가다 안장 위에서 깜박 졸아본 것은 생전 처음이다. 점심 후 바로 출발한 탓인지 잠이 쏟아진다. 인보리 경로당 옆 정자에서 쉬어 간다. 정자에 놓인 생수 페트병들이 몇 개 널려 있다. 이것이 뭔가 했더니 할머니들의 베개란다. 물베개 덕분에 아주 편안하게 한숨 자고 일어난다.

발 14:30 두서면 인보경로당   → 16.6㎞/ 1h   착 15:30 구수리

QR 2-7-6 두서면 인보경로당 → 구수리 연산할머니순대

  한 시간 후면 대장정의 마침표를 찍게 된다. 마지막 힘을 모아 페달을 힘차게 밟는다. 태화강자전거길에 들어서자, 익숙한 풍경이 우리를 반갑게 맞아준다. 긴 여정에 쌓인 피로가 풀리면서 마음이 편안해진다.
  오랜만에 보는 K의 집 정원은 꽃들이 만발해 있다. 아름다운 꽃들을 배경으로 기념사진을 남기고, 아내들이 마련한 축하연으로 모든 일정을 마무리한다. 작은 위시 리스트 하나가 이루어지는 순간이다. 성취의 기쁨이 가슴속 깊이 스며든다.

하루하루가 우리 인생의 첫날이자 처음 겪는 삶이다. 모든 것이 처음이기에 서툴고 아쉬움이 남기 마련이다. 아쉬웠던 점들은 다음번 라이딩에서 보완할 계획이다. 이번에 바다를 마음껏 보았으니, 다음 라이딩은 강으로 떠나기로 한다.

꿈의 '자전거 국토종주', 인천 정서진에서 부산 낙동강하굿둑까지, 우리나라 큰 강들을 타고 내려올 것이다.

우리의 삶이 늘 이러면 얼마나 좋을까. 좋아하는 것, 꼭 해 보고 싶은 것이 있는 삶은 참으로 풍요롭다. 이런 목표가 우리의 인생을 느슨하지 않게 잡아당기고, 정신을 풍성하게 해준다. 마음의 여유를 갖게 해 주니, 세상에 대해서도 더 너그러워질 수 있을 것이다. 벌써 가슴이 설레온다.

> **일흔의 한 마디**
>
> "유종의 미를 거두다."

경로당 할머니 물베개

서해에서 남해로,
이어지는 인생의 길

: 국토종주 1

3장

삶의 의미는 꿈꾸는
자에게만 존재한다 : 정서진

2021년 6월, 첫 코스로 잡았던 동해안 자전거 종주를 무사히 마쳤다. 그 여정은 마치 작고 높은 창을 통해 미지의 세계를 엿본 듯했다. 눈부신 푸른 바다를 옆에 두고 굽이굽이 이어진 길을 달렸다. 이름 모르는 사람들과 잠시 스쳐가는 인연 속에 삶의 한 페이지를 새겼다. 그 길을 따라온 순간순간은 오롯이 내 가슴속에 남았고, 그때 품었던 용기는 또 다른 여정을 부추기고 있었다.

삶이란 미지의 세계를 탐험하는 모험의 연속이다. 돌아오자마자 우리는 또 하나의 모험을 꿈꾸기 시작했다. 인천 정서진 서해갑문에서 부산 낙동강하굿둑까지, 천육백 리 길을 달리는 '자전거 국토종주'에 도전하기로 했다. 누군가에겐 이 길이 단순히 길일지 몰라도, 자전거를 사랑하는 나에게는 하나의 경이로운 로망이었다. 출발일을 정하고, 전기 자전거 대신 MTB(산악자전거)를 준비했다. 매일 체력을 끌어올리는 훈련 과정을 반복하며 각오를 다졌다.

출발일이 가까워질수록 긴장과 설렘이 교차한다. 자전거 라이딩은 몸과 자전거가 하나 되어야 하고, 체력이 뒷받침되어야 한다. 계획상 하루 주행 거리 평균 120㎞. 이번 여정은 지난번 동해안종주보다 훨씬 길고, 소나기와 한더위까지 이겨 내야 하는 도전이다. 그래서 더욱 열심히 장거리 라이딩과 빗속 훈련을 하며 체력과 지구력을 쌓았다. 그러나 막상 출발을 앞두고 보니, 거대한 강과 산 앞에서 여전히 설렘과 두려움이 동시에 느껴진다.

버스로 인천으로 올라가는 하루를 빼면 실제로는 4박 5일 동안 633㎞ 종주 구간을 달리게 될 것이다. 길게 이어질 이 여정은, 어쩌면 내 삶 속에서 가장

국토종주 함께한 애마들

뚜렷한 흔적으로 남을지도 모른다. 종주 코스는 아라자전거길을 시작으로 한강자전거길, 남한강자전거길, 새재자전거길, 낙동강자전거길을 차례로 지나 우리나라 4대강종주 자전거 길 중 2개를 통과한다. 그 여정에는 오르막이 심한 많은 고개를 넘어가게 된다. 말 그대로 산 넘고 물 건너가야 하는 국토종주다.

드디어 그날이 왔다!!
다시 지도를 펴고 함께 여행을 떠나보자.

| 2021 07/30 (토) | 1일 차 32.9km | 발 08:10 울산 | → 5h 30m(시외 버스) | 착 13:20 인천종합터미널 (점심) |

종주 내내 우리와 생사고락을 함께할 자전거들에 힘차게 달려 달라고 부탁한다. K와 함께 인증샷을 찍으며 새로운 각오로 출발한다.

10:14 낙동강구미휴게소에서 휴식. 발 14:20 인천종합터미널 → 21.6km/ 1h 30m 착 15:50 아라 서해갑문 인증센터

QR 3-1-1 인천종합터미널 → 인천 남동구 구월동 1335-4 → 인천 미추홀구 도화동 264 → 인천 동구 송현동 1-640
→ 인천 서구 청라동 106-4 → 인천 서구 오류동 1563 → 아라 서해갑문 인증센터

QR 3-1-2
경인항통합운영센터

영상QR 3-1-2 경인항
통합운영센터 가는 길

식사 후 약속 시간에 맞추어 출발한다. 번잡한 인천 시내 통과를 고려하여 시간적 여유를 두고 간다. 시내 길을 지나 중봉대로를 타고 1시간쯤 가면 큰 호수 너머 고층 아파트의 스카이라인이 눈에 들어온다. 몇 년 전 대한·민국·만세 세쌍둥이들이 어릴 때 출연한 TV 프로그램을 재미있게 보았다. 이들이 사는 동네인 청라호수공원이다. 조금 더 달리면 빨간색의 인증센터에 닿는다.

'국토종주 자전거길 여행'이라는 인증 수첩을 먼저 사러 근처에 있는 경인항통합운영센터 1층 안내데스크로 간다. 안내데스크 옆에 카드로만 구매할 수 있는 무인 판매대가 있다. 국토종주 자전거길 노선도 와 인증 수첩이 세트로 4,500원이다.

아라 서해갑문 인증센터에 도착하니 자형도 일행과 함께 모습을 나타낸다. 제일 먼저, 조금 전에 산 인증 수첩에 마수걸이 인증 도장부터 찍는다. 포토존을 배경으로 사진을 찍고 '자전거 행복 나눔'이라는 QR 인증 앱을 깔아서 등록한다. 핸드폰으로 QR코드를 찍으니 바로 사이버 인증서가 뜨고 금방 찍은 인증센터가 확인된다. 인증센터 중에는 QR코드 인증이 안 되는 곳도 있다고 한다. 그런 곳은 인증 수첩에 직접 스탬핑을 해야 한다.

드디어 출발의 순간이 찾아왔다. 정서진 경인아라뱃길의 끝에서 출발선을 마주한다. 발아래 놓인 출발선의 표지석은 마치 한 편 서사시의 서문을 여는 듯한 느낌이다. 표지석에는 우리의 각오를 대변하듯 짧지만, 강렬한 문구가 새겨져 있다.

'가자, 가자, 가자!
바퀴는 굴러가고
강산은 다가온다.'

정서진에서 낙동강하굿둑까지 국토의 큰 줄기를 따라 달리는 대장정의 시작이다. 이 길은 내 위시 리스트에서 오래도록 자리 잡고 있던 꿈이다. 나이 들어 흩어진 체력으로는 무리일지 모른다는 생각도 들었지만, 마음속 깊이 자리한 열망이 이 여정에 나를 다시금 불러내었다. 만약 문제가 있다면 그것조차 부딪혀 보리라 다짐하며 자전거에 올라 첫 페달을 힘차게 밟는다.

영상QR 3-1-5 정서진에서 국토종주 출발

정서진에서

뱃길 따라 이어진
꿈과 희망 : 아라한강갑문

| 2021 07/31 (일) | 2일 차 126.2㎞ | 발 | 05:40 가우디 모텔 (청라) | → 16.2㎞/ 1h | 착 | 06:40 아라한강갑문 인증센터 |

(좌)QR 3-2-1 가우디 모텔 (청라) → 아라한강갑문 인증센터 / (우)영상QR 3-2-1 아라한강갑문 인증센터 가는 길

새벽의 고요 속에, 서해와 한강을 잇는 운하 따라 뻗어 있는 아라자전거길 위로 첫발을 내디딘다. 서서히 밝아오는 하늘 아래, 강물이 유유히 흐른다. 이 운하의 이름은 '아라뱃길'. 민족의 노래 아리랑에서 따온 이름이라 한다. 아리랑 후렴구의 '아라리오'가 녹아 있는 이 길은 아리랑처럼 애틋하고 깊은 정서가 담겨 있다. 누군가의 꿈이 만들어낸 길, 아라뱃길은 한강의 옛 이름 '아리수'와도 어우러져, 현재와 미래를 아우르는 상징적인 의미도 안고 있다. 이 물길을 따라 달리노라면, 힘들여 만든 이 물길에 멋진 배들이 더 많이 다녔으면 하는 염원이 물안개처럼 피어오른다.

최근 신문 기사에 따르면, 서울에서 인천까지 이어지는 18.8㎞ 길이의 이 내륙 운하에 여객선, 레저선, 화물선 등 다양한 선박이 운행하여 서울과 인천을 연결하는 수상 교통망이 구성되고 있다. 2026년 상반기에 여의도 선착장에

5,000톤(t)급 크루즈가 정박할 수 있는 서울항이 들어서게 되면 한강에서 출발해 군산항과 목포항 등을 거쳐 제주항까지 크루즈를 타고 가는 것도 가능해진다고 한다.

스페인 속담에 "길을 걷지 않고는 길이 생기지 않는다."라는 말이 있다. 누구도 가지 않은 길을 처음 열었던 사람들은 진정 용기 있는 이들이다. 그들이 닦은 길 위로 사람들은 자유로이 다니고, 수많은 사연이 그 길 위에 쌓인다. 영양소를 전달하는 우리 몸의 혈관처럼 방방곡곡으로 뻗어 나간 도로와 뱃길은 도시와 마을, 사람과 사람을 잇는 생명줄이 된다. 그 길은 처음엔 작고 소박했을지라도, 이제는 수많은 이의 발걸음을 받아들이며 넓어지고 더 길게 이어지며 무수한 이야기를 쌓아 가고 있다.

검안동을 지나 계양동에 이르니, 아침의 여린 해가 구름 사이로 살짝 고개를 내민다. 나뭇가지에 걸려 쉬어 가는 햇빛이 참 고즈넉하다. 다남교를 지나 정서진로를 따라 아라뱃길의 종착지인 아라한강갑문 인증센터로 향한다. 구름은 오늘도 온갖 모습으로 춤을 추며 햇빛을 감싸고 있다. "구름아, 오늘도 해님과 사이좋게 놀아주렴." 속삭이듯 구름에 부탁한다. 만일, 이 여름 하늘에 구름 한 점 없다면 쨍쨍한 햇살만 가득한 그 하늘이 얼마나 메마르게 느껴질까.

길을 따라가다 보면 두 물줄기가 만나는 곳, 두물머리에 등대가 우뚝 서 있다. 아라 등대다. 이곳은 일몰이 아름답기로 소문난 곳이다. 석양이 물들기 시작하면 아라뱃길은 붉은색을 띤 짙은 황금빛으로 덮인다. 그 너머로 검은 대지가 배경이 되어, 하늘에는 황금색이 은은하게 퍼져 마치 한 폭의 그림 같은 풍경이 펼쳐진다. 이 황혼의 빛은 지친 이들에게 온화한 마음의 휴식을 선사한다. 등대는 그 빛 속에 서서 오늘도 묵묵히 자신의 길을 지키고 있다. 김포터미널을 지나 전호대교를 통과하면 드디어 아라한강갑문 인증센터에 닿는다. 인증센터의 자전거 길 안내판에서 앞으로 가야 할 길을 다시 한번 눈에 새긴다. 아라자전거길이 끝나고 행주대교에서 팔당대교 구간인 한강자전거길이 이어진다. 새로운 길은 다시 나를 맞이하고, 그 여정이 끝나면 또 새로운 길이 기다리고 있을 것이다. 아라뱃길을 벗어나 자형과 만나기로 한 식당으로 간다.

 발 06:45 아라한강갑문 인증센터 →7.5㎞/30m 착 07:15 24시전주명가콩나물국밥 가양점 (아침)

QR 3-2-2 아라한강갑문 인증센터 → 서울 강서구 가양동 1459-6 → 24시전주명가콩나물국밥 가양점

평화누리자전거길을 따라 행주대교 아래까지 가면 한강자전거길과 연결된다. 넓고 시원하게 펼쳐진 한강 변을 달리니 가슴이 뻥 뚫리는 듯하다. 강변을 따라 이어진 길은 끝없이 뻗어 있고, 그 위로 부드러운 바람이 흘러간다. 방화대교를 지나면 앞에 인천공항 철도가 한강을 가로지르고 있다. 얼마 지나지 않아 가양 출입구로 우회전하여 허준 박물관 쪽으로 향한다. 그곳에서 마중 나온 사촌 자형을 만나 식당으로 간다. 아침을 먹고 있는데, 뜻밖에 반가운 사람이 들어온다. 사촌 누나가 얼굴을 보러 온 것이다. 아주 오랜만이다. 건강한 모습을 본 것만도 좋은데, 가면서 먹으라고 깎은 참외랑 초콜릿도 가져왔다.

발 07:55 24시전주명가콩나물국밥 가양점 →8.3㎞/35m 착 08:30 여의도 인증센터

QR 3-2-3 24시전주명가콩나물국밥 가양점 → 여의도 인증센터

QR 3-2-4
가양구름다리

영상QR 3-2-4
여의도 가는 길

누나와 작별하고 자형과 함께 다음 목적지로 향한다. 다시 한강자전거길로 들어서면 가양대교 직전에 전망이 좋다고 소문난 가양 전망대(가양 구름다리)를 만난다. 전망대에 올라 가양대교를 배경으로 다 함께 기념사진을 남겨본다.

아침 시간인데도 주말이라 그런지 자전거를 즐기는 사람들이 많다. 앞지르기가 어려울 정도다. 마치 러시아워 때 차들이 꼬리를 무는 듯하다. 서울은 지방과는 확실히 다른 모양새다. 자전거 도로가 넓게 잘 조성되어 있다. 인구가 많으니 자전거 타는 사람도 많겠지만, 특히 젊은 여성 라이더들이 눈에 많이 띈다. 가양대교를 지나 성산대교를 스쳐 간다. 좀 더 가면 양화대교 아래 선유도 공원이 보인다. 멀리 여의도 국회의사당 돔 지붕이 보이면 곧 인증센터에 도착한다.

우리나라 국민이 이루어 놓은 경제 발전 노력과 성과의 반이라도 정치가 따라가면 얼마나 좋겠냐는 볼멘소리가 절로 터져 나온다. 저 푸른 지붕을 직접 보니 속이 더 갑갑해진 모양이다. 그래도 앞으로 잘하라는 기원을 담아 의사당을 배경으로 사진을 남기고 라이딩을 이어간다.

발 08:35 여의도 인증센터 → 18.4㎞/ 1h 착 09:35 뚝섬전망문화콤플렉스 인증센터

(좌)QR 3-2-5 여의도 인증센터 → 뚝섬전망문화콤플렉스 인증센터 / (우)영상QR 3-2-5 잠수교를 건너서

다음 목적지는 1시간 거리인 '뚝섬전망문화콤플렉스 인증센터'다. 인증센터 이름 중에 길기로는 몇 번째 갈 것 같다. 서강대교 아래 밤섬이 보이고 한강의 기적을 이야기할 때면 늘 따라다니는 63빌딩도 높이 솟아 있다. 지금은 한화생명 본사 빌딩이 되었는데 예전에 지방 학생들이 서울 수학여행을 오면 필수 코스로 들리던 곳이다. 건설 당시만 해도 아시아에서 제일 높았던 것인데 지금은 국내에서도 열 손가락 들지 못하니 세월의 부침이 참 무심하다.

한강철교와 1호선 철교 밑을 잇달아서 지나고 한강대교와 동작대교를 지나 반포대교 아래로 진입하여 잠수교를 타고 한강을 건넌다. 잠수교를, 차도 아니고 걸어서도 아니고 자전거로 건너 본 사람은 서울 사람 빼고는 많지 않을 것이다. 내가 그중 한 사람이 되었다.

돌발 퀴즈 들어갑니다. 지금까지 한강을 따라 달리면서 많은 다리를 지나왔는데 총 몇 개나 되는지 아시나요? 2021년 기준 총 31개라는데, 왕복 6차선 도로가 있으면 '대교'라 불러주고 아니면 '교'라고 부른답니다. (2023년 개통된 월드컵대교와 2024년 말 개통한 고덕대교를 포함하면 총 33개)

지금까지는 한강 하류에서 상류를 볼 때 오른쪽 강변길을 타고 왔는데, 잠수교를 지나면서부터 왼쪽을 따라간다. 한남대교, 동호대교, 성수대교, 영동대교 밑을 차례로 지나가면 인증센터에 도달한다.

> **일흔의 한 마디**
>
> "길이 없으면 길을 찾아야 하고, 찾아도 없으면 길을 만들어야 한다."
> - 도산 안창호

찾아라, 길은 있다
: 천호동 자전거 거리

3

2021
07/31 (일) | 발 09:40 뚝섬전망문화콤플렉스 인증센터 →7.8km/ 40m 착 10:20 광나루자전거공원 인증센터

QR 3-3-1 뚝섬전망문화콤플렉스 인증센터 → 광나루자전거공원 인증센터

이른 시간부터 한강은 자전거와 사람들로 붐비기 시작하고, 아침 공기가 벌써 텁텁하게 느껴진다. 뚝섬을 출발하여 잠실대교를 지나면 곧 잠실철교다. 한강 위를 지나는 바람이 얼굴을 스치며 지친 마음을 씻어내듯 휘돌아간다. 잠실철교는 철교 옆에 자전거와 사람이 다닐 수 있는 길이 따로 나 있다. 철교 옆을 걸어서 지나가는 것도 특별한 것 같아 사진으로 기록해 둔다. 철교를 건너 다시 한강 오른쪽 길을 따라나선다. 곧 광나루자전거공원 앞 인증센터에 이른다.

발 10:25 광나루자전거공원 인증센터 →0.5km/ 2m 착 10:27 디케이 레이싱 (천호동 자전거 거리)

QR 3-3-2 광나루자전거공원 인증센터 → 디케이레이싱(DKRACING)

광나루 인증센터에서 잠시 쉬며 여정을 되새겨본다. 아침 시간이 무색할 만큼 햇볕은 벌써 강하게 내리쬐며 여름 한낮의 기운을 띠고 있다. 한 모금의 시원한 음료를 마시며 땀을 훔친다. 강변을 따라 쉴 새 없이 달려온 자전거도 잠시 숨을 고르는 듯 고요하게 서 있다. 타이어 공기를 확인해 보니 조금 빠져 있다. 공기를 넣어야겠다 싶어 K가 준비한 공기 주입기를 꺼내 보는데, 아뿔싸. 내 타이어 노즐에는 맞지 않는 것 아닌가. K를 믿고 나는 가져오지도 않았는데.

그래도 죽으라는 법은 없는 모양이다. 이곳 이름이 '자전거 공원'이지 않은가. 갖가지 대여 자전거가 비치되어 있기도 하거니와 자기 자전거로도 많이 타는 장소라 근처에는 자전거 점포들이 모여 있다고 한다. 천호동 자전거 거리는 광나루자전거공원 인증센터에서 2분 거리로 바로 지척이다.

주말이라 그런지 다른 가게는 문이 닫혀 있고 '디케이(DK) 레이싱' 한 집이 다행히 문이 열려 있다. 사장은 외출 중이라 가게 지키던 아주머니가 사장과 영상 통화를 하면서 맞는 연결 노즐을 찾아보았으나 맞는 게 없다. 사장이 올 때까지 기다리는 동안 아침에 받은 참외와 초콜릿으로 영양 보충을 한다. 참외의 달콤한 맛이 무더운 날씨를 잠시 잊게 해 준다. 사장이 K의 공기 주입기와 내 타이어 노즐을 번갈아 확인하더니 여기저기를 뒤져서 하나를 내어놓는다. 'UNICH'라고 쓰여 있다. 테스트해 보니 잘 들어간다. 이젠 겁날 게 없다. 스페어 튜브에 에어 펌프까지 있으니. 작은 물건 하나로 이토록 큰 위안을 받을 줄이야! 이 주입기는 지금도 나와 함께 하고 있다.

발 11:00 디케이 레이싱 (천호동 자전거 거리) → 23.5㎞/ 1h 40m 착 12:40 능내역 인증센터

(좌)QR 3-3-3 디케이레이싱(DKRACING) → 능내역 인증센터 / (우)영상QR 3-3-3 능내역 가는 길 (냉장고 터널)

능내역 오아시스

다시 자전거에 몸을 싣는다. 미사리를 지나면서 주위 분위기가 목가적으로 바뀐다. 하남시를 지나 남양주 팔당으로 접어든다. 도시의 콘크리트 내음은 점점 희미해지며 초록빛 숲이 눈앞에 펼쳐진다. 팔당대교에 다다라 한강자전거길이 끝나고, 새로운 길이 열리는 남한강자전거길에 접어든다. 강을 건너자, 한낮의 뜨거운 햇살이 우리를 지그시 누른다. 그저 시원한 물 한 모금이 간절하다. 마침내 능내역 인증센터에 도착하자, 이곳은 마치 작은 오아시스처럼 느껴진다. 시원한 그늘과 얼음냉수, 이온 음료 그리고 냉막걸리 한 잔이 있다. 핸드폰 배터리 충전도 할 수 있는 곳! 자전거 타는 사람들의 오아시스란 바로 이런 곳이다.

발 13:10 능내역 인증센터 → 4.3㎞/ 15m 착 13:25 밝은광장 인증센터

QR 3-3-4 능내역 인증센터 → 밝은광장 인증센터

오아시스에서 몸과 핸드폰을 충분히 충전한 후 다음 목적지로 향한다. 철도가 폐선되어 옛 역사는 사라졌지만, 팔당역과 능내역은 사람들의 발걸음으로 다시금 되살아난다. 오래된 역사의 자취는 레트로한 감성을 더하며 여행자들에게 새로운 즐거움을 선사하고 있다.

밝은광장 Bike Café

10여 분을 더 가 운길산역 근처 밝은광장 인증센터에 도착하니 수십 대의 자전거가 한여름 더위에 축 처져 널브러져 있다. 그 옆에는 라이더들이 그늘에 두 다리를 뻗고 큰대자로 누워 있다. 더위를 피해 그늘에 잠시 몸을 기대어본다. '밝은광장 Bike Café' 이곳 카페의 아이스티는 여행자들에게 더 머물다 가라고 유혹한다. 무더위 속의 한 잔은 상쾌한 청량감을 선사하며 내 몸에 차분히 녹아든다. (후에 북한강종주 시 이곳을 다시 찾았을 때는 카페가 운길산역 근처로 옮겨져 있고, 복숭아 아이스티를 마시며 쉬었던 그 자리는 빈터로 남았다.)

발 13:45 밝은광장 인증센터   → 10.5km/ 1h 45m(휴식 포함)   착 15:30 국수리순두부

(좌)QR 3-3-5 밝은광장 인증센터 → 국수리순두부 / (우)영상QR 3-3-5 냉장고 터널

점심시간이 훌쩍 지나 허기가 진다. 국수역 근처에 맛집이 있다는 말에 참고 페달을 열심히 밟아간다. 폐선로를 따라가는 구간이라 양평까지는 터널이

많아 속도를 내기 어렵다. 터널 안은 어둡지만, 자연스레 만들어진 시원한 냉기가 천천히 쉬어가라 권한다. 일부러 속도를 늦추고 터널 속의 시원함을 음미한다. 마침내 '국수리순두부'에 도착해 고소한 맛의 순두부로 늦은 점심을 즐긴다. 여행의 고단함을 달래주는 이 한 끼로 다시 힘을 얻는다. 별 다섯 개로 강추하는 맛집이다.

자형과 일행은 여기서 작별을 고하고 이제 나와 K만이 남아 여정을 이어간다. 무척 더운 날씨로 땀을 많이 흘린 탓에 힘이 빠졌다. 앞으로 오늘같이 더운 날은 오후 2시에서 4시까지는 식사를 하며 휴식을 취하기로 한다.

(좌)QR 3-3-6 국수리순두부 → 양평자전거길쉼터 인증센터 / (우)영상QR 3-3-6 양평자전거길쉼터 가는 길

양평군립미술관에 있었던 인증센터는 자전거 길 쉼터로 자리를 옮겼다. 미술관 주차장을 지나서 휴게소 같은 곳에 있어 맵을 잘 보고 찾아가야 한다. 무더위 속에 정신없이 QR 인증만 확인하고 인증센터 사진 촬영을 빠뜨렸다. 아직 인증 수첩과 사이버 인증 사이트에는 인증센터 이름이 '양평군립미술관'으로 기록되어 있는데, 언제쯤 새로운 이름을 달게 될까.

(좌)QR 3-3-7 양평자전거길쉼터인증센터 → 경기 양평군 개군면 구미리 98-6 → 이포보 인증센터 / (우)영상QR 3-3-7 이포보 가는 길

QR 3-3-8
후미개고개

남은 거리는 25㎞. 30분가량을 달려 영덕리 마을회관 근처에 이르렀을 때, 갑자기 벽처럼 가파른 고개가 앞을 가로막는다. '구미리' 또는 '후미개' 고개라 불리는, 숨이 턱 막히는 급경사 길이다. 여기는 보통 전기 자전거 아니면 끌고 올라가는 끌바를 하는데 K가 쉬지도 않고 올라가는 바람에 나도 덩달아 거친 숨을 몰아쉬며 그 뒤를 따른다.

지도상에는 경사도 9도라고 적혀 있지만, 마주한 고개는 그보다 훨씬 가파르게 느껴진다. 몇 명의 젊은이들이 고갯마루에서 땀을 식히고 있다. 우리가 단숨에 올라오자, 인간이 아니라고 농담을 건넨다. 사실, 나 역시 심장이 터질 것만 같다. 고갯길을 넘은 후 반시간 남짓 달리자, 드디어 이포보가 저 멀리 보이기 시작한다.

발 18:20 이포보 인증센터   → 9.7㎞/ 30m   착 18:50 대신장 모텔

(좌)QR 3-3-9 이포보 인증센터 → 경기 여주시 대신면 양촌리 9-20 → 대신장모텔 / (우)영상QR 3-3-9 이포보 출발 적포교로

저녁 7시가 가까워져서야 숙소에 도착한다.

식당이 몇 없는 이곳에서, 막 퇴근하려던 인근 식당 사장을 붙잡아 찌개로 저녁을 해결한다. 다음 날 아침을 대비해 마트에서 빵, 두유, 에너지바, 초콜릿, 포카리스웨트 같은 간편식을 산다. 오늘 하루의 거리도 만만치 않았지만, 특히나 더위와의 싸움이 힘겨웠다. 그럼에도 잘 이겨낸 자신에 대한 감사로 하루를 마무리한다.

일혼의 한 마디

"하늘이 무너져도 솟아날 구멍이 있다."

후미개 고개

일혼, 나는 자전거와 사랑에 빠졌다

천천히 그리고 끈기 있게
: 여주 창남이고개

4

2021 08/01 (월)	3일 차 100.9km	(발) 05:45 대신장 모텔 (여주)	→ 8.9km / 30m	(착) 06:15 여주보 인증센터

(좌)QR 3-4-1 대신장모텔 → 경기 여주시 대신면 당산리 160-33 → 여주보 인증센터 / (우)영상QR 3-4-1 여주보 가는 길

　새벽 공기가 아직 식지 않은 이른 시간, 모기가 남긴 열 개의 흔적과 함께 여주의 오래된 숙소를 나선다. 밤새 잠을 설친 몸은 피곤하나 어둠이 물러간 아침 하늘은 마치 캔버스에 펼쳐진 그림처럼 아름답다. 희미한 아침 해는 조용하게 떠 있는 파스텔톤의 구름을 비추어 솜사탕을 만든다. 이 강가에 내려앉은 안개는 마치 꿈결처럼 흐릿하게 퍼져 나간다. 풍경을 오래 음미할 새도 없이, K의 재촉에 이끌려 자전거에 다시 오른다.

　반시간 정도 페달을 밟아 여주보를 건너면 인증센터에 도착한다. 인증센터에 도착하면 매번 느끼는 것이지만, 작은 성취감에 기분이 한껏 올라간다. 피곤한 몸으로도 이렇게 조금씩 나아가고 있다는 것이, 마치 내 삶의 한 단면을 보는 듯하다. 잠시 숨을 고르고, 햇살이 번진 옅은 황금색 구름과 여주보 넓은 물줄기를 배경으로 사진을 남긴다. 구름 사이로 얼굴을 내미는 해가 강물 위에

3장 | 서해에서 남해로, 이어지는 인생의 길 : 국토종주 1　　**101**

그린 은빛 윤슬을 한동안 바라본다. 마음이 평온하기 그지없다.

발 06:25 여주보 인증센터   → 10.6km/ 40m   착 07:05 강천보 인증센터

(좌)QR 3-4-2 여주보 인증센터 → 강천보 인증센터 / (우)영상QR 3-4-2 강천보 가는 길

　이 구간은 남한강 오른편을 타고 주변 경치 구경하며 편안하게 간다. 영상을 몇 차례 찍어가며 강천보까지 달린다. 잠시 쉬면서 이 영상을 확인하다 우스꽝스러운 모습을 발견한다. 여주시를 조금 지나 촬영한 것인데, 출렁이는 내 배와 부지런히 움직이는 두 다리만 보인다. 셀카를 찍고 나서 모드를 전면 촬영으로 바꾸지 않은 것과 거치대에 핸드폰이 제대로 고정되지 않아 핸드폰이 고개를 숙인 탓에 나온 특별한 작품이다. 예기치 못한 것이지만 그마저도 또 하나의 추억이 된다.

　다른 영상에도 마지막 부분에 무언가 휙 지나가는 것이 보였다. 무슨 새인가 생각하고 캡처를 해서 정지 사진으로 확대해서 보니 어떤 사람이 띄운 드론이다. 날아가는 드론이 내 핸드폰에 잡힌 걸 보니 문명의 이기들이 얼마나 우리 일상에 가까이 스며들어 있는지 실감이 간다.

　보들은 저마다 모양새가 모두 다르고, 그를 관리하는 건물들도 각양각색으로 저마다 독특한 디자인을 뽐내고 있다. 강천보 관리동 역시 인상적인 디자인을 자랑한다. 마치 입체 영화를 볼 때 쓰는 안경 같은 형상을 한 건물 위에 두 개의 아치형 지붕이 나란히 얹혀 있고, 그 옆으로 솟은 전망 탑은 통유리창을 허리에 두른 채 위와 아래에 푸른 띠로 장식되어 있다. 자연과 인공의 조화가 아름답게 어우러진 모습이다.

조금 떨어진 곳에 빨간 외투를 걸친 인증센터 부스가 서 있다. 요즘은 보기 힘들지만, 예전에는 이것과 색깔과 형상이 유사한 공중전화 부스가 많이 있었다. 이런 탓에 자전거 주행 중에 간혹 비슷한 것을 보고 멈춘 적이 있다. 모두 인증센터 부스로 보이기 때문이다.

(좌)QR 3-4-3 강천보 인증센터 → 비내섬 인증센터 / (우)영상QR 3-4-3 창남이고개를 넘어서

강천보 건너서 보 하부로 연결되는 길은 내리막 경사가 심하다고 아예 자전거를 끌고 가게끔 길을 만들어 놓았다. 다른 곳은 이보다 훨씬 더 경사져도 타고 갈 수 있는데, 좀 지나친 조치가 아닌가 하는 생각도 들지만 그래도 안전이 최고다. 가끔은 이렇게 자전거에서 내려 느리게 걷는 것이 더 많은 것을 보게 한다. 바람에 흔들리는 나무 잎사귀, 가까이서 들려오는 새소리와 물소리, 그리고 페달을 밟을 때는 보이지 않던 길가의 작은 들꽃까지.

강천교를 건너서 강 왼편을 달린다. 남한강교 아래를 통과한다. 모기 때문에 설친 잠은 눈꺼풀을 점점 더 무겁게 한다. 페달은 열심히 젓고 있지만 졸음이 몰려온다. 깨어나려고 애써보지만, 졸음은 끈질기게 나를 붙들고 늘어진다. 하는 수 없이 요기를 겸해 휴식을 취하려고 식당을 찾으며 간다. 10여 km를 달리니 식당 간판이 눈에 들어온다.

07:50

'송담추어탕' 간판이 높다랗게 서 있다. 잠도 쫓고 아침도 먹을 겸 반가운 마음으로 들어가 봤더니 불행히도 문이 굳게 잠겨 있다. 온몸이 땀으로 범벅이 된 데다가, 저 앞쪽을 보니 제법 높은 언덕길이 길게 누워 기다리고 있지 않은가. 마당 평상에 앉아 가져 온 간편식으로 아침을 때운다.

힘을 내어 다시 출발한다. 올라가다 보니 도로 경사 표시판이 나오는데, 10%다. 제법 센 놈을 만났다. 창남이고개다. 이런 오르막은 시간이 해결한다. 땅만 보고, 핫둘 핫둘 천천히 페달을 저어가다 보면 언젠가는 언덕마루 위에 서 있게 된다.

우리 삶이란 바로 이런 것이다!
천천히 그리고 끈기 있게~

창남이고개

드디어 고갯마루에 올랐다. 땀 흘리고
올라온 후 내려가는 내리막의 솜사탕 같은
이 달콤함을 어디다 비기랴!
강원도 원주시 표지판이 나타난다.

09:08

'볼 일도 좀 봐야 하는데.' 하면서 가는데 화장실이 마침 나타난다. 좀 쉬어
가고 싶지만, 쓰레기 무단 투기 경고 자동 방송이 중국어, 영어, 한국어 3개 국
어로 계속 반복해서 흘러나온다. 외국인도 많이 버리고 가는 모양이다. 성가
신 방송 때문에 앉아 쉬기도 힘들어 바로 출발한다. 얼마를 더 가 더위에 눈꺼
풀이 다시 내려 덮이려고 할 때쯤 비내섬 인증센터가 눈앞에 나타난다. 갈증과
더위에 지친 몸이 마치 오아시스를 만난 듯 쉼터로 달려 들어간다.

오는 잠부터 쫓으러 시원한 냉커피와 스포츠 음료를 마시고 또 마신다. 참았
던 갈증이 배가 부를 정도로 많은 물을 부른다. 그리고, 또 몇 병 챙긴다. 이 더
위에 마실 물이 없으면 거의 초주검이다. 몸과 핸드폰을 충분히 충전하고 보급
도 받았겠다 다시 길을 떠난다. 고맙다, 비내쉼터야!

┌─ **일흔의 한 마디** ─┐

"멈추지 않는 한 얼마나 천천히 가는지는 중요하지 않다."
- 공자

퍼붓는 비를 뚫고
: 수안보

날씨가 생각보다 훨씬 더 덥다. 고온에 습도가 높아 땀이 비 오듯 쏟아진다. 어찌 되었건 내일 아침 이화령을 넘어야 하니 오늘은 수안보까지 가야 한다. 힘을 내자. 천 년 역사의 수안보 온천이 우리를 기다리고 있다.

2021
08/01 (월) | 10:05 비내섬 인증센터　　→ 33.5km / 2h 25m　　 12:30 충주댐 인증센터

(좌)QR 3-5-1 비내섬 인증센터 → 충주댐 인증센터 / (우)영상QR 3-5-1 충주댐 인증센터 가는 길

　하늘은 희뿌연 구름으로 덮여 있고, 후텁지근한 더위가 누르고 있다. 중앙탑 휴게소를 조금 지나 보를 하나 건너는데 어느 맵에도 이름이 없다. 만일 이름이 없다면, 다리 건너편 도로명인 김생로를 따서 '김생보'라고 부르면 어떨까 싶다. 지나는 길의 이름 없는 것들에게 내 맘 가는 대로 명찰을 달아보는 일, 그것도 여행 중 느끼는 소소한 즐거움이 아닐까.

　보를 건너 김생로를 따라 강 왼편을 가다 보면 김생사지가 나온다. 신라 명필 김생이 만년에 창건한 사찰 터다. 조금 더 가면 목행교가 보이고 다리를 건

너서 다시 강 오른편 길을 타고 가면 충주댐에 닿는다.

인증센터 바로 옆, 여기도 한낮의 열기를 식혀 줄 우리의 피난처가 있다. '충주댐 편의점'이다. 입 안이 얼얼한 빙과와 시원한 음료 한 잔이 갈증을 풀어주고, 달궈진 몸을 잠시나마 식혀준다. 열변을 토하며 수안보 가는 길을 설명해 주던 충청도 아저씨가 우리를 보고, 그 나이에, 이 복더위에 대단하단다. 근데 왜 하필 이런 한더위에 타냐며 타박한다.

충주댐 편의점

일정을 잡다 보니 그렇게 된 거지만 한참 더위에 온몸이 땀에 절어 자전거 타고 있는 모습이란 우리가 봐도 가관이다. 하지만 복더위에도 한겨울에도 각각 다른 묘미가 있다. 자전거는 언제 타도 좋다.

발 12:55 충주댐 인증센터   → 11.3km/ 1h 5m   착 14:00 충주 탄금대 인증센터

(좌)QR 3-5-2 충주댐 인증센터 → 충북 충주시 동량면 용교리 산 1-7 → 충북 충주시 금가면 문산리 791 → 충주탄금대 인증센터
(우)영상QR 3-5-2 탄금대 인증센터

충주댐을 뒤로하고 탄금대로 향한다. 내비게이션에는 30분이면 도착한다고 예측되어 있는데, 실제로는 1시간이 넘게 걸렸다. 길을 잘못 든 탓이다. 동네 사람에게 안내 받은 대로 다리를 건너 강 반대편으로 간 것과 내려가서 목행교 인근에서 길 찾아 들어가는 데 많은 시간을 소비한 것이 그 이유다. 결국 돌고 돌아 도착한 충주 탄금대. 우리의 삶도 이처럼 작은 어긋남과 우연을 수시로

만나게 된다. 그때마다 최선을 다해 헤쳐 나갈 따름이다.

아빠와 함께 국토종주 중인 중학생을 만났다. 그들로부터 가족의 의미와 부자 간의 진한 추억의 무게가 전해져 온다. 어른도 힘든 한더위의 국토종주를 어린 학생이 스스로 마음을 내어 한다는 것이 대단하다. K가 기념사진을 함께 남기고 학생을 격려해 준다.

팔당대교에서 시작된 남한강자전거길은 여기서 끝이 나고, 상주 상풍교까지 이어지는 새재자전거길이 새로이 시작된다.

QR 3-5-3 선잠카페
(353-4멸치국수)

14:10

점심때가 훌쩍 지나 고픈 배를 채우러 인근 국숫집으로 간다. 식당 이름이 아주 특이하다. '353-4 멸치국수.' 물어 보니 앞 숫자는 지번이란다. 하기야 K의 집 인근에 있는 카페도 지번을 따서 '구수리370'이란 상호를 붙였다고 한다.

에너지 보충 겸 콩국수, 잔치국수, 불고기를 주문했는데 맛도 있고 식당이 아주 깔끔하다. 오후 한참 더위를 피해서 가기로 한지라 이곳에서 핸드폰 충전과 아울러 졸기도 하면서 휴식을 취한다.

15:30

식사도 하고 휴식도 적당히 취했기에 출발하려고 식당을 나서니 장대비가 쏟아지고 있다. 부랴부랴 짐가방에 레인 커버를 씌우고 비가 좀 가늘어질 때까지 기다린다. 시간이 흐르니 조금 누그러지기도 했거니와 오후 내내 비 예보가 되어 있다는 식당 주인의 귀띔에 더 지체할 수가 없어 수안보를 향해 출발한다.

발 16:00 353-4멸치국수 (충주 탄금대) → 28.2㎞/ 1h 50m 착 17:50 수안보온천랜드

(좌)QR 3-5-4 선잠카페(353-4멸치국수) → 수안보온천랜드 / (우)영상QR 3-5-4 탄금대 - 수안보온천랜드 (폭우 잠깐 그친 틈을 타 촬영)

조금 가니 그렇게 계속 올 것 같던 비가 그친 것 같아 핸드폰을 다시 꺼내서 사진과 영상을 찍으면서 달린다. 근데, 이게 웬걸. 갑자기 양동이로 퍼붓는 듯한 세찬 비가 내려 앞이 잘 보이지 않는다. 비가 얼마나 거센지, 얼굴에 떨어지는 빗방울이 입술을 얼얼하게 만든다. 세찬 비에다 달리는 속도가 더해져서다. 판초 우의는 이미 무용지물이 되었다. 더 덥기만 해 결국 벗어던지고 온몸으로 빗줄기를 받아내며 나아간다. 이날 이후 이번 종주 내내 비가 와도 우의는 필요 없는 존재가 되었다. 여름 라이딩에는 우의가 필요 없다는 엉뚱한 확신을 갖게 되었다.

다시 출발해서 수안보 닿을 때까지, 이렇게 2시간 가까이 폭우 속에서 페달을 밟았다. 사실 한여름의 무더위보다는 시원한 빗줄기를 맞는 것이 더 나았다. 그래서였을까. 그 후로 더위가 심할 때면, 차라리 비가 퍼부었으면 좋겠다는 생각이 들곤 했다.

QR 3-5-5
수안보온천 인증센터

이렇게 빗속을 오다 보니 이 구간은 사진, 영상이 거의 없고 수안보 도착해서 비가 잠잠해진 후에 찍은 것들밖에 없다. 앞으로 우중에도 찍을 수 있는 방법을 찾아봐야겠다. 천신만고 끝에 도착한 수안보 인증센터. 비가 잠시 그친 틈을 타 인증을 하고, 몸 눕힐 곳을 찾아간다.

빨래 건조까지 해 준다는 수안보 온천랜드에 숙소를 정한다. 우리에게 딱 필요한 서비스다. 그것도 저렴한 가격으로. K가 추천한 꿩 요리를 맛보러 식당으

QR 3-5-6 놀부식당
꿩요리 수안보점

로 간다. 시원한 국물의 꿩만두 전골과 함께 탄금대 막걸리를 곁들이니 그야말로 피로가 싹 가신다.

저녁 식사 후, 내일을 대비해 편의점에서 간단한 간편식을 준비한다. 이화령휴게소는 코로나로 인해 문을 닫았을지도 모른다는 이야기를 듣기도 했고 우리 도착 시간도 이른 아침이기 때문이다. 호텔 옆 산허리에 낮게 걸린 구름이 아직도 소슬비를 뿌리고 있다. 우리 자전거는 오늘만큼은 호텔 로비에서 호강 중이다. 그 모습이 어쩐지 우리만큼 힘든 듯하다.

식사 후 돌아와 카운트에 가니, 뽀송뽀송하게 마른 세탁물을 직원이 건네준다. 이런 서비스야말로 장거리 라이딩에서 가장 반가운 일이 아닐까. 짐을 풀어보니 인증 수첩이 수해를 입었다. 제대로 방수 포장을 안 한 채 가방에 넣어둔 탓에 다 젖었다. 급한 마음에 드라이어로 말렸더니 백과사전만 하게 부풀었다. 이날 이후 모든 물건은 비닐봉지로 들어갔다. 이렇게 고된 하루가 저물어간다.

일흔의 한 마디

"고난은 잠시지만 포기하면 영원히 남는다."
- 랜스 암스트롱

일희일비하지 말라,
인생길은 길다 : 이화령

오늘은 소조령(해발 374m)과 이화령(530m)을 넘어간다. 말로만 듣던 이화령이 과연 얼마나 길고 경사가 심한지 궁금도 해서 걱정 반 기대 반이다. 어려운 고개는 힘이 충전된 아침 시간에, 빈속에 넘는 게 힘이 덜 든다. 이른 시간에 길을 나선다.

| 2021 08/02 (화) | 4일 차 117.9km | 발 | 06:00 수안보 온천랜드 → 17.8km/ 1h 55m | 착 | 07:55 이화령휴게소 인증센터 |

(좌)QR 3-6-1 수안보온천랜드 → 이화령휴게소 인증센터 / (우)영상QR 3-6-1 소조령 오르막 시작

다행히 밤새 하늘은 어제의 비를 거둬가고 맑은 아침 공기를 남겼다. 모든 짐은 비닐 속에 넣어 방수를 철저히 한다. 그리고, 만나 보기를 학수고대하던 이화령으로 향한다. 어제 도착 시간이 늦은 데다 비가 와서 주위 구경을 못 했다. 아쉬운 마음에 페달을 천천히 밟으며 주위를 둘러보며 나아간다.

06:25

출발하여 반 시간쯤 가니 소조령 오르막이 시작된다. 인적이 드문 새재로를 따라 3㎞ 정도 이어진다. 이곳은 이화령을 넘기 위한 워밍업 구간이라고들 하지만, 거리와 경사가 만만치 않아 가볍게 볼 수 없는 길이다. 한참을 오르니 목도 마르고 숨이 차 올라온다. 자연은 언제나 나아갈 때와 잠시 멈추어야 할 때를 일깨워 준다. 중간 쉼터에서 수분을 충분히 보충하고 호흡도 가라앉힌다.

꾸준히 밟아 반 시간 정도 오르면 소조령 고갯마루에 닿는다. 조령 관문으로 들어가는 갈림길에 이정표가 외롭게 서 있다. 여기부터 20여 분은 행복한 시간이다. 오천자전거길이 시작되는 행촌교차로까지 거침없이 내려간다. 얼마 지나지 않아 내려온 것보다 훨씬 더 높이 다시 올라가야 한다는 사실을 깜박 잊은 채.

살면서 희로애락에 대한 감정 표현이 옅은 사람을 간혹 볼 수 있다. 지인 중 높은 학벌로 좋은 직장에 다니면서 여우같이 예쁜 아내와 토끼처럼 귀여운 아이들과 함께 잘 사는 분이 있었다. 그 집을 방문할 일이 종종 있었는데 가족들을 대하는 태도가 내 눈에는 사랑스럽다기보다는 데면데면하게 보였다. 좋은 감정을 있는 그대로 표현해 주면 좋을 텐데 왜 그럴까. 모든 게 다 갖춰져 있어 불만이 있을 것 같지가 않은데 이상하다는 생각까지 들었다. 그때는 젊어서 이해하기가 쉽지 않았다.

이분은 학창 시절에 이미 마음 공부에 깊이 몰두하여 이를 오랫동안 이어 온 터였다. '만물이 실상이 없어 일체가 공인데 좋고 나쁜 게 따로 없으니, 좋고 나쁨에 그리 연연할 일이 아니다.'란 것을 일찍 깨친 것이다. 인생사 모든 것에 너무 일희일비하지 말라는 뜻임을 나이가 훌쩍 든 후에야 알게 되었다. 이러하니, 내리막길(다운힐) 라이딩의 즐거움도 어찌 거저 좋다고만 할 수 있을까.

이화령 업힐 중 뒤돌아본 풍경

영상QR 3-6-2
이화령 오르막 시작

07:00

드디어 경사도 7%, 5㎞ 이화령 길이 시작된다. 내 생애 최장 업힐이다. 한 시간 정도 예상하고 올라간다. 이런 때는 다른 답이 없다. 앞만 보고, 다리를 쉬지 않고 열심히 움직이는 것밖에 없다. 보통 오르막을 오를 때는 평지보다 더 많은 힘이 필요하다. 맞다. 속도를 줄여도 경사 때문에 더 힘들여 밟아야 한다. 문제는 거리가 길 때다. 마음이 앞서 자신의 페이스를 넘은 상태로 페달을 계속 저어가다 보면 어느 순간 파워가 나가 다리 움직이기가 힘들어진다. 그래서 마라톤처럼 자기 상태에 맞게 꾸준히 오를 수 있는 속도를 찾아 올라가는 것이 중요하다. 올라갈수록 지그재그 주행과 엉덩이를 들고 타는 댄싱 주행 횟수가 많아진다. 호흡은 가빠지고 다리 힘은 조금씩 빠져나간다.

07:50

지척을 분간하기 어려울 정도의 운무에 싸여 신묘한 기운이 가득한 이화령.

여기가 바로 신선계! 드디어 이화령 고갯마루에 어렵사리 도착했다. 심장이 터질듯하여도 쉬지 않고 달려 50분 만에 올라왔다. 위로 올라올수록 찬 기운의 바람이 불어 준 것도 도움이 된 것 같다. 빈속에 이화령 넘으라는 뜻도 온몸으로 이해가 된다. 한낮 더위 속이라면 무척 힘든 길이 되었을 것이다.

역시 예상대로 휴게소는 문이 닫혀 있다. 미리 준비해 온 간편식으로 아침 요기를 한다. 조금 앉아 있으니 찬 공기가 온몸을 휘돌며 감아 으스스 춥다. 높다랗게 서 있는 '백두대간 이화령' 표지석을 배경으로 기념 촬영 후 바로 내려간다.

이화령을 올라 보니, 이틀 전에 넘었던 구미리고개(후미개고개)보다는 훨씬 길지만 경사는 좀 덜한 것 같다. 그리고 차가 거의 다니지 않는 시간이라 지그재그 라이딩도 가능해서 오를 만하다는 것과 여름 한낮 라이딩은 피해야 한다는 생각이 든다. 후미개고개가 짧지만 정말 힘들었던 기억 때문에 이화령이 덜 어렵게 느껴졌는지도 모르겠다.

백두대간이화령에서

영상QR 3-6-3
이화령 도착

(좌)QR 3-6-2 이화령휴게소 인증센터 → 경북 문경시 마성면 신현리 117-7 → 문경 불정역 인증센터 / (우)영상QR 3-6-4 이화령 내려가는 길

제법 내려와도 운무가 자욱하여 앞이 잘 보이지 않는다. 왕유의 한시 「산중문답」의 한 구절인 '별유천지 비인간(別有天地 非人間)'을 떠올린다. 자연 속에서 인간은 미미한 존재일 뿐이다. 나도 마치 신선이 된 듯하다. 신선이 옆에서 바로 툭 튀어나와 내게 물어볼 것이다. "행복하냐?"라고. 답은 물론 "그렇다."다. 꿈에 그리던 자전거 국토종주를 지금 하고 있지 않는가. 가슴을 누르던 이화령을 쉬지도 않고 단숨에 오르지 않았던가. 그것도 칠순이 다 된 나이에.

하지만, 이런 것이 진정한 행복이 될 수 없다는 것도 안다. 조건이 달린 행복은 진짜가 아니다. 행복이 조건에 묶여 있다면, 그것은 언제든 사라질 수 있는 연기와 같은 것이다. 참 행복은 아무런 전제 조건 없이 그냥 느낄 수 있어야 한다.

아래로 좀 더 내려오니 운무가 걷히기 시작한다. 문경 온천 방향으로 길을 잡아 한참을 달리면 문경 온천 지구가 나온다. 2024년 연말 전 완공 예정인 충주~문경 구간 중부내륙선 철도가 완공되면 KTX문경역이 생겨 이 지역 발전에 큰 도움이 될 것 같다.

새재자전거길은 논밭을 지나 산길을 넘고 물길을 따라 계속 이어진다. 문경에는 폐선된 탄광 철로를 활용하여 전기 배터리로 가는 레일바이크가 있다. 진남역과 구랑리역 사이 왕복 7.4km 구간을 한 시간 남짓 달린다. 이 문경철로자전거 진남역을 지나 조금 더 가면 불정역(폐역) 바로 옆에 있는 인증센터에 다다른다. 여기도 음수대가 있다. 마시고 나서 물을 온몸에 끼얹는다. 좀 살 것

같다. 가다가 물이 있는 곳은 모두 나의 오아시스다! 물로 머리끝에서 발끝까지 온몸을 적시고 나면 세포가 톡톡 다시 살아나는 기분이다. 숙소나 식당 같아 보이는, 폐기차를 활용한 시설물들이 눈에 띈다.

불정역 폐기차

낙동강 물결 속에서
삶을 돌아보다

: 국토종주 2

4장

물이 아닌 양심을 팝니다
: 상주상풍교

2021
08/02 (화) | 발 09:50 문경불정역 인증센터 → 30.8km/ 2h 5m 착 11:55 상주상풍교 인증센터

(좌)QR 4-1-1 문경 불정역 인증센터 → 상주상풍교 인증센터 / (우)영상QR 4-1-1 상주상풍교 가는 길

　불정역 인증 후 고개를 들어 보니 인증센터 옆에 푸른 산자락을 배경으로 풍성하게 피어난 배롱나무 꽃들이 한가득이다. 나뭇가지마다 옹기종기 모여 핀 꽃송이들은 마치 바람에 몸을 맡기며 자유롭게 춤추는 듯하다. 꽃들은 진한 자홍색으로, 초록빛 나뭇잎들과 대조를 이루며 더욱 선명하고 화사하게 빛난다. 낮게 깔린 구름에 살짝 가려진 먼 산의 실루엣은 정취를 더한다. 꽃나무는 그런 산과 어우러져 한 폭의 그림 같은 풍경을 만들어낸다.

　다시 자전거에 몸을 실어 강 오른쪽을 따라 달리니 금방 불정교에 다다른다. 다리를 건넌 뒤 강변 왼쪽을 달린다. 별암교를 건너면 다시 강 오른편 길을 따라 계속 내려간다. 상풍교를 3km여 남긴 지점에 낙동강 칠백 리 시작점을 알리는 표지석이 세워져 있다. 공원의 이름도 '낙동강 칠백 리 공원'이다. 이곳을 출발한 낙동강 본류의 물은 칠백 리를 흘러 흘러 부산에 닿게 된다. 시야에 들어온 강물은 칠백 리 여정의 갓 출발을 알리는 듯하며 우리와 함께 흐른다.

이 물은 태백의 황지에서 시작해, 이곳을 지나 부산에 이르기까지 길고도 긴 여행을 한다. 표지석에 의하면 낙동강이란 이름의 유래는 다음과 같다. 이중환의 『택리지』에 따르면, 이 강은 상낙(상주의 옛 지명)의 동쪽에 이르러서야 본격적인 강의 모습을 갖추었기에 '낙동강'이라 불리게 되었다고 한다.

아라서 양심판매대

30여 ㎞를 달려와 갈증이 극에 달할 즈음 상주상풍교 인증센터에 도착한다. 냉수 살 곳을 찾으면서 왔는데 무인 판매대가 나를 반긴다. 판매대 이름이 '아라서 양심판매대'다. 냉장고에 들어 있는 꽁꽁 언 얼음 생수 한 병에 천 원이란 가격이 붙어 있고, 옆에 놓인 돈통은 나의 양심을 기다리고 있다. 이런 무인 판매대를 만날 때마다, 세상은 여전히 믿음으로 돌아가고 있음을 느끼며 감사한다. 아무리 법과 제도를 잘 만들어도 결국은 사람의 양심이 사회를 지탱한다는 어느 책의 구절이 떠오르며, 그 신뢰의 힘을 새삼 깨닫게 된다.

발 12:20 상주상풍교 인증센터 → 11㎞ / 50m 착 13:10 상주보 인증센터

(좌)QR 4-1-2 상주상풍교 인증센터 → 상주보 인증센터 / (우)영상QR 4-1-2 상주보 가는 수변 덱 길

일흔, 나는 자전거와 사랑에 빠졌다

냉수로 갈증을 해소한 뒤 다시 페달을 밟는다. 강변을 따라 펼쳐진 자전거 덱(나무로 만든 길) 위로 눈부신 풍광이 이어진다. 상주는 자전거 천국이라 불릴 만큼 자전거 관련 시설과 조형물들이 도시 곳곳에 자리하고 있다. 자전거 박물관은 경천교 근처에 있다.

QR 4-1-3
상주자전거박물관

경천교 양옆 난간을 장식한 자전거 조형물들이 상주의 자전거 도시 이미지를 더욱 돋보이게 한다. 자전거를 타고 있는 이 순간이 자전거 도시 상주의 숨결과 닿아 있다는 사실에 묘한 일체감을 느낀다. 왼편으로 경천섬 공원을 지난다. 일몰과 야경이 일품이라는 알려진 관광지다. 상주보를 건너면 바로 상주보 인증센터다.

발 13:20 상주보 인증센터 →17.2km/ 2h 20m 착 15:40 낙단보 인증센터

QR 4-1-4 상주보 인증센터 → 낙단보 인증센터

상주보를 출발하여 한참을 달려가고 있는데 갑자기 스콜성 비가 양동이로 또 퍼붓는다. 투덕거리는 빗방울이 온몸을 거칠게 두드린다. 길은 금세 물이 넘쳐흘러 홍수가 된다. 어제에 이어 두 번째 맞는 정말 대단한 비다. 이런 비도 자전거를 타야만 느낄 수 있다. 어제 습득한 학습 효과로 그냥 계속 가는데 강도가 점점 더 세어진다. 도저히 앞으로 나갈 수가 없다. 지붕도 제대로 없는 간이 휴게소의 비에 젖은 벤치에 앉아 비가 가라앉기를 기다린다. 조금 약해진

후 그칠 비가 아니기에 계속 비를 맞으며 간다.

어차피 맞은 비, 이제는 늦은 점심을 해결할 방도를 찾아야 한다. 한참을 가다 보니 '삼겹살, 오리' 간판이 보여 얼른 들어가 봤더니 주인이 외출 중이다. 대신 바로 옆 구멍가게에 들러 혹시 라면이라도 끓여 줄 수 있는지 물었더니 주인 할머니 연세가 많아 못 해 준다고 한다. 하는 수 없이 아침에 먹다 남은 빵, 에너지 바와 양갱이를 안주 삼아 보온주로 비에 빼앗긴 체온을 올리고 주린 배도 채운다.

비가 좀 잦아들자 다시 출발하여 낙단보에 도착했지만, 비로 인해 사진 한 장도 남기지 못했다. 하지만, 마음속에는 그 폭우 속 잊지 못할 기억들이 고스란히 남아 있다. 느낌이 클수록, 그 기억은 더욱 깊게 남는다.

인증센터에서 휴식 중 부산에서 인천으로 종주 라이딩 중인 분과 이야기를 나누게 되었다. 장거리 주행 시 팔꿈치와 팔을 올려놓고 엎드린 자세로 편하게 달릴 수 있는 '레스트 핸들 바'에 대한 경험을 들었다. 장착하면 긴 여정에 많은 도움이 된다고 본인 것을 보여주며 조언을 해 준다. 그의 이야기는 계속해서 장거리 여정을 계획하고 있는 내게 큰 도움이 될 것 같다.

(발) 15:50 낙단보 인증센터 → 20.4km/ 1h 25m (착) 17:15 구미보 펜션(해들녘 팬션)

(좌)QR 4-1-5 낙단보 인증센터 → 구미보 펜션 / (중)QR 4-1-6 구미보 인증센터 / (우)영상QR 4-1-6 구미보를 건너서

도착한 구미보에서는 비가 그쳐 사진 몇 장을 남긴다.

새벽부터 시작한 오늘의 긴 여정 속에 많은 일들이 있었다. 이화령에서 아침을 간편식으로 때우고, 중간에 엄청난 비를 맞고, 점심도 먹지 못하다 보니 많이 지쳤다. 한 발짝 떼기도 쉽지 않지만, 5㎞ 정도 떨어진 숙소를 향해 구미보를 건넌다. 숙소까지는 아직 더 가야 하는데 K가 뒤에서 부른다. 더는 가지 말고 이 근처에서 묵자고 한다. 그도 많이 지친 모양이다. 길가에 붙은 광고판을 보고 '구미보(해들녘) 펜션'에 방이 있는지 확인해 본다.

넓은 정원은 아름답게 가꿔져 있고, 편의점도 있고, 세탁도 되었다. 적당한 가격으로 오랜만에 운동장같이 넓은 펜션에서 하루 쉬게 되었다. 주위 경관을 참 잘 가꾸어 놓아 주인의 부지런함이 돋보인다. 나중에 들으니, 이 아름다운 정원은 주인의 전공인 조경 덕분이었다.

QR 4-1-7
구미보 펜션

QR 4-1-8
성화식육식당

저녁을 위한 식당은 5분 거리의 선산에 있는데 왕복 픽업도 펜션 사장이 서비스로 해 준다. 운전해 오가며 자신의 살아온 이야기를 풀어놓는다. 학창 시절, 교과서 대신 조경 책을 품고 다녔던 그의 어린 시절 이야기는 이토록 아름다운 공간을 만들어낸 이유를 알 듯했다. 그게 바탕이 되어 부동산업을 하게 되었고, 공부 대신 돈을 벌어 부모님께 가장 많은 용돈을 드렸다는 이야기까지 끝없이 이어졌다.

소개받은 '성화 식육 식당'. 선산의 맛집이라 그런지 손님도 많고 고기 맛도 있다. 특히 물김치가 일품이다.

식사를 마치고 돌아오는 길, 구미보와 펜션을 밝히는 아름다운 야경이 하루의 피로를 말끔히 씻어낸다. 그렇게 하루가 저물어가고, 다시금 내일의 여정을 준비한다. 자전거 바퀴는 쉼 없이 굴러가고, 끝없는 강과 산이 우리를 기다리고 있다.

구미보의 멋진 야경

'가자,

바퀴는 굴러가고

강산은 다가온다.'

시작이 반이면,
절반은 성공 : 칠곡보

시작이 반이라 했다. 어제까지 거의 절반을 달려왔다. 오늘 달리면 반환점을 훌쩍 넘긴다. 지나온 힘든 길들과 무더위에 주저앉고 싶은 마음도 절절했지만 결국 이겨내고 절반의 성공을 거둔 것이다. 자전거도 출발해서 균형이 잡힐 때까지는 많은 힘이 든다. 가속이 붙은 자전거는 큰 힘을 들이지 않고도 쉬이 앞으로 나간다. 이제 가속이 붙었다. 열심히 페달을 저어가면 어느새 을숙도 하굿둑이 눈앞에 나타나리라.

오늘 달릴 구간 중 구미보~달성보 구간은 힘든 오르막이 거의 없는 평탄한 길이다. 반면에 달성보~합천창녕보 구간에는 두 곳의 오르막이 있다. 종주 이래 하루 동안 최대로 긴 거리인 130㎞를 달려야 하기에, 새벽 공기를 마시며 일찍 길을 나선다.

| 2021
08/03 (수) | 5일 차
130.4km | 발 06:00 구미보 펜션 | → 33.9㎞/ 2h 15m | 착 08:15 칠곡보 인증센터 |

(좌)QR 4-2-1 경북 구미시 선산읍 원리 1063 (구미보 펜션) → 경북 구미시 선산읍 원리 1057-26 → 칠곡보 인증센터
(우)영상QR 4-2-1 구미보 출발 칠곡보로

비는 내리지 않지만, 공기는 무겁고 습기가 가득하다. 후덥지근한 아침, 마치 비가 내릴 듯한 기운이 감돈다. 쾌적한 시설과 편안한 침구가 갖춰진 펜션에서 하룻밤을 보내며 피로를 말끔히 풀었다. 칠곡보를 향해서 다시 힘찬 출발을 한다. 주변 강변 풍경과 함께 자전거는 조용히 미끄러지고, 강물을 따라 나도 같이 흐른다. 멀리 보이는 산들은 마치 길동무처럼 나를 기다리며 서 있고, 강물을 가로지르는 다리들은 손을 흔들며 응원해 주는 듯하다.

구미보를 건너 낙동강 왼편을 따라 내려간다. 금오공과대학이 왼편에 보이고 얼마 안 가 산호대교를 건너면 구미로 들어간다. 구미세무서에서 좌회전하여 구미대교를 건너서 강 왼편을 따라 곧게 뻗은 자전거 전용도로가 앞으로 계속 이어진다. 구미산업단지를 지나 덕포대교 아래를 통과하면 멀리 칠곡보가 모습을 나타낸다. 다시 남구미대교와 경부고속도로 밑을 지나서 마지막으로 덕포대교를 통과하면 칠곡보 인증센터에 닿는다.

휴가 기간을 이용해 종주 중인 젊은 라이더가 타고 온 자전거가 괜찮아 보여 물어본다. 국산 알톤 하이브리드 자전거인데 제법 잘 나간다고 한다. 무게는 나가지만 가격이 30~40만 원대로 청춘들에게는 가성비 최고급이다. 자전거 라이딩을 포함하여 장비가 있어야 하는 운동은 좋은 장비를 가지고 싶어 한다. 우수한 장비가 아무래도 좋은 결과를 내기 때문이다. 물론, 여기에도 한 가지 전제가 따른다. 엔진이 좋아야 한다. 아무나 타도 똑같이 좋은 성능이 나오는 건 아니다. 엔진 성능에 따라 차 성능이 달라지듯이 자전거의 엔진인 다리가 튼튼해야 한다. 자전거가 아무리 좋아도 결국 성능을 결정짓는 것은 타는 사람의 다리이기 때문이다.

문득 자전거의 기원에 대한 궁금증이 올라온다. 이 멋진 바퀴 두 개는 어떻게 세상에 나왔을까? 프랑스 혁명 2년 뒤인 1791년, 프랑스 귀족 콩트(백작) 메데드 시브락이 목마를 타고 파리의 팔레 루아얄 정원에 나타났다. 이 목마는 나무 바퀴 두 개를 목재로 연결해 만들었다. 사람이 그 위에 올라타 두 발로 땅을 박

차며 앞으로 나아가는 방식이었다. 어린아이들의 장난감 목마와 비슷했다.

시브락의 이 기계는 사람들의 눈길을 끌었고 곧 파리의 명물이 됐다. 이것이 바로 역사상 가장 먼저 등장한 자전거다. 자전거의 기원에 대해서는 논란이 계속 있지만 19세기의 역사가들은 시브락의 목마가 최초의 자전거라고 기록하고 있다. 시브락이 만든 기계에는 '셀레리페르'라는 이름이 붙었는데 이는 '빨리 달리는 기계'라는 뜻이다. 셀레리페르는 외형이 목마를 닮아 '목마'라고도 불렸다.

셀레리페르는 말, 사자, 인어 등 여러 가지 모양으로 만들어 외형이 아름다웠으나 방향을 전환할 수 있는 장치가 없어서 아주 불편했다. 방향을 전환할 수 없는 불편함 때문에 실용적인 탈것이라기보다 귀족과 젊은이들의 오락 기구에 가까웠다. 팔레 루아얄 정원은 셀레리페르를 타는 젊은이들로 붐볐고 이 새로운 취미 도구는 곧 유명해져서 사교 클럽까지 생겨날 정도였다. 파리 샹젤리제거리에서는 셀레리페르 경기가 열리기도 했다.

발 08:30 칠곡보 인증센터　→3.2km/15m　착 08:45 왜관 진땡이국밥 본점 (아침)

QR 4-2-2 칠곡보 인증센터 → 경북 칠곡군 왜관읍 왜관리 1350-29 → 진땡이국밥 본점

아침 8시가 지났으나 오는 길에 식당이 없어 아직 식전이다. 시장기가 마구 몰려온다. 10여 분 거리에 라이더들이 추천한 왜관 맛집이 있어 찾아간다. 강 따라 내려가다 왜관교 밑을 지나 호국공원에서 나오는 길을 찾지 못해 조금 돌다가 찻길로 올라온다. 왜관 소방서 사거리를 지나 세 블록 지나 왜관 시장에 들어선다.

식당 벽엔 '택배 가능'이라는 문구가 적혀 있는 걸 보아 그 맛이 이미 전국구가 된 듯하다. 입구에 들어서자마자 맛있는 국물 냄새가 콧속을 가득 채운다. 돼지국밥 한 그릇 속에 담긴 맛과 정성은 오랜 여정에 따뜻한 위로가 된다.

나는 소고기와 돼지고기 모두 좋아하지만, 꼭 하나를 고르라면 돼지고기다. 소국밥보다 돼지국밥이 더 좋다. 진한 국물의 돼지국밥 한 그릇이면 세상 어느 고급 요리도 부럽지 않다. 보통 돼지고기가 저렴하지만, 만약 더 비싸다 해도 기꺼이 돈을 낼 준비가 되어 있다. 그만큼 내 입에는 돼지고기가 더 잘 맞는다. 이런 내 입맛 덕에, 좋은 국밥집을 찾으러 일부러 먼 길을 달려가는 것도 마다하지 않는다. 그리고 오늘, 이 '진땡이국밥'은 나에게 그런 만족감을 선사했다.

일흔의 한 마디

"창조는 새로운 조합이다."
- 앙리 푸앵카레

건강은 노년의
유일한 소망이다 : 적포교

3

2021
08/03 (수) | 발 | 09:15 왜관 진땡이국밥 본점 | → 30.1㎞/ 2h | 착 | 11:15 강정고령보 인증센터

(좌)QR 4-3-1 진땡이국밥 본점 → 강정고령보 인증센터 / (우)영상QR 4-3-1 강정고령보 가는 길

늦은 아침을 먹은 탓일까, 졸음이 몰려온다. 이 몽롱함 때문인지 강변 자전거 길로 다시 진입하는 데 생각보다 긴 시간을 소모한다. 호국공원을 지나 강변길을 달린다. 도로 옆으로 배드민턴장, 농구장과 같은 체육 시설들이 잘 정비되어 있다. 자전거 길은 강변에 바짝 붙어 계속 이어진다.

여기도 파크골프의 열기가 붙었는지 파크골프를 즐기는 사람들이 무더위 속에서도 붐비고 있다. 우리나라 웬만한 강변 고수부지에는 파크골프장들이 빠짐없이 들어서 있는 것 같다. 상주대교 밑을 지나 10여 ㎞ 달리면 어느새 강정고령보 인증센터에 닿는다.

발 | 11:20 강정고령보 인증센터 | → 21.2㎞/ 1h 45m | 착 | 13:05 달성보 인증센터

QR 4-3-2 강정고령보 인증센터 → 달성보 인증센터

　　강정보를 건너기 전에 강 하류 쪽을 바라본다. 낙동강과 금호강이 만나는 두 물머리에 이곳 명물인 디아크 문화관이 아름다운 자태로 그 모습을 뽐내고 있다. 평편한 낮은 언덕 위에 배를 땅에 대고 앉아 있는 고래 모습이다. 밤에는 더 멋있다고 하니 언젠가 다시 와 보고 싶다. 멋진 조명으로 형형색색의 황홀한 형상을 연출한다는데 영락없는 고래라 한다.

　　강정보를 건너서 강 오른쪽을 따라간다. 야구장, 축구장이 계속 보인다. 사문진교를 넘어 낙동강 왼편을 타고 내려간다. 고령교와 성산대교 아래를 차례대로 통과하여 달성노을공원의 전망대가 보이면 곧 달성보 인증센터에 이른다.

　　덥다! 덥다! 너무 덥다. 마침, 달성보 인증센터에도 오아시스가 있다. 편의점이다. 여기서 얼음냉수 보급도 받고 간식도 먹으면서 몸의 열기를 식힌다. 졸기도 하면서 오후 한더위를 피해 한참 동안 쉰다. 한숨 졸고 나니 피로가 풀려 훨씬 낫다. 동네에서만 보던 편의점이 이렇게 든든한 존재가 될 줄은 몰랐다. 편의점의 새로운 발견이다.

발 15:05 달성보 인증센터　　→ 32km / 2h 5m　　착 17:10 합천창녕보 인증센터

QR 4-3-3 달성보 인증센터 → 합천창녕보 인증센터

경사도 12%의 다람재와 무심사 임도라는 큰 오르막이 이 구간에 있다. 무더운 날씨를 고려해, 상황에 따라 우회로를 선택하는 것도 생각해 봐야 할 것 같다.

현풍읍을 통과한 자전거 길은 큰 갈지자를 그리는 낙동강과 함께 구불구불 흘러간다. 달성보를 출발하여 11㎞ 정도 지점에 다람재 입구가 있다. 재를 우회할 길을 찾아보니 2020년에 터널이 뚫려있다. 도동서원 터널이다. 마치 우리를 위해 1년 전에 미리 뚫어놓은 듯하다. 오늘 아침만 해도 끌바(자전거를 끌고 가는 것) 하며 땀에 젖어 다람재를 넘는 모습을 상상했는데..

QR 4-3-4
도동서원

영상QR 4-3-4
도동터널

도동 터널을 막 지나면 바로 도동서원이 나온다. 조선 오현(김굉필, 정여창, 조광조, 이언적, 이황) 중 한 사람인 한훤당 김굉필을 기리는 서원이다.

가을이면 400년 된 은행나무가 샛노란 옷으로 갈아입고 찾는 이들의 탄성을 자아내게 한다. 이곳을 포함한 우리나라 대표 서원 9개가 「한국의 서원」으로 2019년 유네스코 세계문화유산에 등록되었다.

QR 4-3-5 유네스코
등재 한국의 서원

정지된 것 같은 비슷한 풍경이 계속 펼쳐져 더위에 지친 몸을 더욱 피곤하게 한다. 그러다 구지면에 들어서자 아름다운 풍경으로 바뀐다. 부드러운 오르막과 내리막이 굽이굽이 나 있고, 강가까지 내려온 산의 발목에 감겨 구불구불 흐르는 덱 길. 눈과 마음 모두 시원해진다.

어느새 무심사 근처에 도착했다. 임도와 우회로를 안내 표지판이 서 있다. 벌써 오후 4시가 훌쩍 지났다. 저녁 산길은 아무래도 무리일 것 같아 왼쪽으로 나 있는 우회로를 택해 이동하여 합천창녕보 인증센터에 도착한다.

관리사무소 안이 냉장고처럼 시원하다. 냉수도 보충하고 한참을 쉬면서 옆의 일행과 대화한다. 라이딩 중 휴식처에서 만나면 맨 첫 마디가 보통 '어디서 왔습니까?'다. 두 사람은 제주도 사는 부부로, 인천으로 비행기 타고 올라가서 우리와 똑같은 코스로 낙동강하굿둑까지 자전거 국토종주 중이다.

50대 정도로 보이는데 부부가 같이 자전거 타는 모습이 부럽다. 젊을 때부터 이런 취미를 공유하면 나이 들어서도 힘들지 않게 함께 지속할 수 있을 것이다. 그렇게 하면 부부 간의 정도 두터워질 것이고, 건강도 챙기고, 사람도 사귀고, 세상 풍물도 구경하고, 1석 4조다. 이 얼마나 좋은 것인가!

발 17:35 합천창녕보 인증센터　　→10.8km/40m　　착 18:15 적포교 도일장 모텔

(좌)QR 4-3-6 합천창녕보 인증센터 → 도일장 모텔 / (우)영상QR 4-3-6 창녕합천보

해는 져가고 마음이 바빠 온다. 예약한 숙소인 적포교 근처의 '도일장 모텔'에 와 보니 나이 든 할머니가 운영하고 있다. 시설은 좀 낡았지만, 할머니가 매우 친절하시고 세탁까지 해 주시니 감사하다.

모텔 할머니가 미리 전화해 놓은 식당, '청솔음식마을'에서 저녁을 해결한다. 엄마표 반찬에다 여주인의 입담 덕분에 식사 자리가 더욱 풍성하다. 네이버 검색을 하면 이웃한 한강 모텔이 주로 잡히는데 전화를 해보면 방이 없다고 한다. 식당 여주인 이야기를 들어보니 사연이 있다.

할머니가 편찮아서 할아버지가 모텔을 정상 운영할 수는 없고 당장 접지도 못하니 예약 전화가 오면 방이 없다고 하고 도일장 등 다른 모텔을 소개해 준다는 것이다. 나이가 들어가면서 아프다는 게 이런 것이다. '앓느니 죽는다'는 이야기가 빈말이 아니다. 노년의 최대 적은 병이다. 내 발로 걸을 수 있고 내 맑은 정신으로 말할 수 있을 때까지만 살다가 가야 한다는 생각이 다시금 깊어진다. 그러려면 책과 사유로 정신에 양분을 공급해 주고 꾸준한 운동으로 몸이 녹슬지 않도록 해야겠다는 다짐을 다시 해 본다.

이제 내일이면 이 대장정의 막을 내리게 된다. 낙동강하굿둑까지 K와 함께 안전하게 무사히 도착하길 바라며 꿈나라로 든다.

┌─ 일흔의 한 마디 ─────────────────────────────────┐
│   │
│   "건강은 건강할 때 지켜라."   │
│   │
└──┘

적포교

배도 뱃사공도 떠난
낙동강 칠백 리 : 밀양

오늘은 험난한 두 고개, 박진고개와 영아지를 마주할지, 아니면 순탄한 길을 택할지 결정해야 한다. 코스의 선택은 적포교를 넘느냐 마느냐에 달렸다. K와 머리를 맞대고 깊이 고민한다. 마음은 모두 넘고 싶은데 한더위 날씨와 시간이 문제다.

삶이란 선택의 과정을 모아놓은 게 아닐까. 출생과 사망 등 자신의 선택 영역 밖에 있는 것도 있지만 아침에 눈 뜨는 것부터 저녁에 잠자리 들 때까지 수많은 선택을 하게 된다. 그 결과가 하루가 되고, 일생을 통한 반복이 우리의 인생이 된다. 당장은 크게 생각되지 않는 것이라도 그것이 삶의 한 부분이 된다면 신중해야 할 것이다.

많은 이야기 끝에, 어제까지 달려오면서 더위 때문에 너무 힘이 들었다는 것과 오늘도 라이딩 할 거리가 길다는 데 방점이 찍힌다. 다녀온 분들의 후기와 이번 우리의 경험을 종합해 본다. 어차피 끌바를 해야 할 상황이고, 그런 후 하굿둑까지 남은 먼 거리를 오늘 중에 완주할 수 있을까 하는 염려가 머리에 맴돈다. 최종적으로 체력 비축을 위해 우회를 결정하고 적포교를 넘어 유어면사무소 쪽으로 방향을 잡는다. 결과적으로는 거리와 시간이 상당히 줄어들었지만, 마음 한편엔 작은 아쉬움도 남는다.

2021 | **6일 차** | (발) 05:40 적포교 (도일장 모텔) → 29.3km/ 2h 5m | (착) 07:45 남지 대궁식당
08/04 (목) | 130.8km

(좌)QR 4-4-1 도일장모텔 → 유어삼거리 → 강리삼거리 → 경남 창녕군 남지읍 성사리 1239 → 대궁식당 / (우)영상QR 4-4-1 남지 가는 길

적포교를 건너 이남 삼거리에서 오른쪽 길을 타고 유어 삼거리까지 간다. 우회전하여 달리다 강리 삼거리에서 또 우회전해서 남지읍을 향해 간다. 남지읍 내에 들어오니 허기가 몰려온다. 일찍 문을 연 식당을 찾는 일이 쉽지 않다. 마치 사막에서 오아시스를 찾아 헤매는 것처럼 느껴진다. 시외버스 터미널 인근 하이마트 맞은편에 있는 '대궁식당'에 아침 식사 된다는 안내문이 붙어 있다. 정식을 주문했는데, 따르는 반찬이 여럿이다. 그중에서도 눈에 띄는 것은 어릴 적부터 나를 달래던 계란프라이. 계란 프라이가 내 앞에 놓인 순간, 나는 시간을 거슬러 어린 시절로 다시 돌아간다. 어머니의 얼굴이 아른거린다.

어릴 때 입이 짧아 편식이 심했다. 밥 먹는 일로 어머니를 무척이나 괴롭혀 드렸다. 그 시절로는 출산에 늦은 나이인 삼십 대 후반에 나를 안았다. 위로 딸 둘을 낳은 뒤였다. 어머니 시대 여인들은 모두 '칠거지악'(이혼 사유가 되는 7가지)을 배우며 자랐기에 아들을 낳지 못해 시가의 대가 끊기면 큰일이었다. 또다시 딸을 낳게 되면 친정 갈 보따리를 아예 머리맡에 두고, 이 집 손 끊기지 않게 해 달라고 부처님과 천지신명께 빌었다. 지성이면 감천인지 남자인 내가 태어났고 어머니 보따리도 더는 소용이 없게 되었다. 힘들여 얻은 귀한 아들이 밥을 잘 먹지 않으니 얼마나 속이 상하셨을까. 어머니의 머릿속은 어떻게 하면 아들 밥을 잘 먹일 수 있을까 하는 것밖에 없었다.

반찬을 이것저것 만들어 먹여 보다가 잘 먹는 세 가지를 찾아내셨다. 계란프라이, 갈치구이 그리고 국은 소고깃국이나 곰탕이었다. 어린 시절 이들 삼총사는 내 밥상 위 단골손님이었다. 그때는 몰랐지만, 모든 게 귀하던 시절, 이 음

식들은 상당히 고급이었고 이들을 만들어 먹이느라 얼마나 애를 썼을지 어른이 된 후에야 깨달았다.

오늘도 계란 프라이를 앞에 두니, 어머니의 따뜻한 손길이 고스란히 느껴진다. 이 노릇노릇한 프라이는 단순한 반찬이 아니라, 어머니가 내게 전해 준 사랑이었다.

발 08:20 남지 대궁식당　　→ 8.5㎞/ 30m　　착 08:55 창녕함안보 인증센터

(좌)QR 4-4-2 대궁식당 → 창녕함안보 인증센터 / (우)영상QR 4-4-2 창녕함안보 가는 길

이제 낙동강 하류로 접어든다. 아직도 100여 ㎞가 남았다. 강을 따라가는 대부분의 자전거 길이 그러하듯 낙동강도 하류로 내려갈수록 평지에다 곧게 뻗어 있어 더 이상 업힐 구간이 없다는 것이 마음을 한결 가볍게 한다. 이제 페달만 열심히 저어 가면 된다. 남은 구간은 인증센터 간 거리가 멀고 중간 보급처가 마땅하지 않은 구간이 있어 간식과 물을 충분히 준비한다.

배를 든든히 채운 후 창녕함안보를 향해 다시 출발이다. 남지대교를 건너 강오른편으로 30여 분 달리면 창녕함안보에 닿는다. 빨간 인증센터 부스가 이른 아침의 햇살을 받아 태양처럼 강렬하게 빛나고 있다.

아직 아침 시간인데도 헉헉거리는 소리가 절로 새어 나온다. 편의점부터 찾는다. 창녕함안보 사업소 건물 꼭대기에 붙은 편의점 간판이 제일 먼저 눈에 들어온다. 2층에 화장실과 편의점, 카페가 있는데 잘 꾸며져 있다. 충분한 휴식을 취하면서 더위에 지친 몸을 푼다. 카페에서 바라본 창녕함안보는 길 위에서 본 것과는 또 다르다. 주문을 위해 메뉴판을 훑다가 눈에 꽂히는 게 있다. '눈꽃 팥빙수'다. 모양새도 이쁘지만, 첫입을 맛보는 순간, 온몸의 세포가 다시 살아나는 기분이다. 나중에 다시 들려서 먹고 싶을 정도로 맛있다. 물론 그때도 이렇게 땀을 쏟고 난 뒤라야 같은 맛을 느낄 수 있겠지만.

(좌)QR 4-4-3 창녕함안보 인증센터 → 경남 밀양시 하남읍 수산리 874 → 경남 밀양시 삼랑진읍 미전리 907-2 → 오우진나루터횟집
(우)영상QR 4-4-3 오우진나루터횟집 가는 길

　잠시의 휴식 후 지친 몸은 다시 움직일 준비를 마친다. 이제는 다시 낙동강을 따라 3시간 넘게 더위를 뚫고 가야 할 시간. 뜨거운 공기가 온몸을 휘감는 날씨 속의 생명수인 물을 한가득 채워 출발한다.

　창녕함안보를 건너 방둑 길을 따라 강 왼편을 달리다가 본포교를 건너면 오른쪽을 탄다. 수산교를 건너면 하남읍에 이르고 다시 강 왼편을 달린다. 그리운 고향으로 가는 이 길은 마치 끊임없이 이어지는 추억의 파도와 같다. 수산리를 지나면 고향이 가까워져 온다. 우리가 남천강이라 부르던 밀양강과 낙동강이 만나는 두물머리에 걸쳐진 삼랑진철교가 보이는데, 볼멘소리가 흘러나온다. 정작 눈앞에 보이는 철교 건너편이 갈 방향이건만, 건널 다리가 없다. 안내맵은 밀양강 따라 한참 올라가서 강을 건너고 다시 삼랑진철교까지 내려오는 길을 안내해 준다. 상남면 마산리를 지난다. 여기서 얼마 멀지 않은 곳에 내 고향 조음리가 있다. 온갖 기억이 한꺼번에 달려 나온다.

소싯적 명절 때 고향에 가면 형님들, 아재들 한 방에 모여 윷과 화투 놀이로 밤을 지새웠다. 그때 빠지지 않는 것이 유과, 강밥, 전, 그리고 막걸리였다. 시간이 흘러 집 막걸리가 동이 날 때쯤이면 내 역할이 시작되었다. 학생이라 그 자리에 끼지는 못하고 술도가에서 막걸리 퍼다 나르는 술 시중을 했다. 오다가다 한 입씩 홀짝거린 것은 우리 어머니만 몰랐던 공개된 비밀이었다.

여름 한 철 아버지 속이 좋지 않았던 때가 있었다. 시골 작은 아버지로부터 좋은 약재가 있다는 연락을 받고 달려갔다. 정성 들여 꺾어다 놓은 약재 나뭇가지들을 잘게 잘라 마대에 넣고 보니 큰 마대 한가득이었다. 약재 마대를 등에 지고 버스가 다니는 신작로까지 몇 리 길을 한여름 땡볕을 맞으며 걸어가니 옷은 땀에 흠뻑 절어 물에 빠진 듯했다.

짐이 커서 못 태워 준다는 만원 버스 기사에게 싹싹 빌며 아버지 병에 쓸 약재라고 눈물로 호소한 덕에 겨우 밀양역까지 가는 버스를 얻어 탔다. 완행 기차도 사정은 마찬가지여서 겨우 짐 싣고 한 발로 버티며 부산까지 왔다. 집에 도착할 즈음에는 소금에 잘 절인 고등어가 되어 흐느적거리면서도, 아버지 약을 해 왔다고 뿌듯해했던 착한 아들이었다.

오우진나루터횟집

평촌리에 들어서서 밀양강에 걸린 상삼 잠수교를 건너 다시 내려가는데 참기 어려운 갈증이 온다. 인간적으로 너무 힘들다. 빨리 물 파는 곳을 찾아야 한다. 헉헉거리며 좁은 길을 돌자, 신기루처럼 식당이 눈앞에 갑자기 나타났다. '오우진나루터횟집'이다. 정녕 죽으라는 법은 없나 보다. 꽁꽁 언 생수와 빙과가 냉동고에 한가득이다. 천국이 따로 없다. 화장실 물 호스로 머리부터 발끝까지 몽땅 덮어쓰자, 숨이 트이고 온몸이 다시 살아나는 것만 같다. 이번 종주 기간 내내 뜨거워진 몸의 세포를 식히기 위해 중간중간에 물만 보이면 이렇게 덮어쓰고 다녔다. K의 지쳐 있는 얼굴에도 절로 미소가 지어진다.

배도 뱃사공도 모두 떠나간 낙동강 칠백 리, 이제는 물길만 유유히 흘러간다. K는 흐르는 강물을 바라보며 깊은 상념에 잠겨 있다. 무슨 생각을 하고 있을까? 나처럼 더 쉬고 싶을까? 너무 덥고 힘든 한여름의 장거리는 이제 그만이라고 생각할까? 아니면, 이제 다 끝나가는 여정에 또 다른 꿈을 그리고 있을까? 인제 그만 출발하자는 내 신호에, 그의 상념도 조용히 접힌다.

> **일흔의 한 마디**
>
> "인생의 모든 순간은 고향에 대한 기억 속에서 더 아름답다."
> - 조지 엘리엇

강 끝에서 성취를 맛보다
: 낙동강하굿둑

2021 08/04 (목) | 발 12:50 오우진나루터횟집 → 20.8km / 1h 30m 착 14:20 양산물문화관 인증센터

(좌)QR 4-5-1 오우진나루터횟집 → 양산물문화관 인증센터 / (우)영상QR 4-5-1 양산물문화관 가는 길

오우진나루터 쉼터를 떠나 조그만 가면 삼랑진 쪽 철교에 도달한다. 왼편 산 중턱에 서원 하나가 세워져 있다. 그곳은 나를 반갑게 맞이하는 삼강서원, 우리 집안의 자랑스러운 역사가 깃든 곳이다. 고려 시대 삼랑루가 있던 자리에 지어진 이 서원은 욱재 민구령이 아우들과 함께 학문을 닦고 우애와 효를 실천했던 곳으로, 그들의 삶은 사라지지 않고 이곳에 고스란히 남아 있다. 다섯 형제의 효성과 우애가 얼마나 깊었던지, 아버지가 빈사 상태에 이르렀을 때 형제 모두가 손가락을 잘라 헌혈해 살려낸 이야기가 기록되어 있다. 어머니의 종기를 빨아내며 치료했던 그들의 헌신은 시간이 흘러도 사람들의 기억 속에 잊히지 않는다. 이 서원은 오늘도 방문객들에게 부모에 대한 효와 형제 간의 우애를 되새기게 한다.

삼랑진이라는 이름은 밀양강이 낙동강 본류로 흘러들고 만조 때 바닷물까지

역류해 세 갈래 물결이 일렁이는 나루라는 뜻이라 전해진다. 지루하게 끝없이 이어지던 자전거 길 전경이 삼랑진을 지나면서 새로운 분위기를 띤다. 하천 부지를 벗어나 강에 바짝 붙어서 달리니 마치 흐르는 물과 하나가 된 기분이다. 도중에 강 위에 걸쳐져 있는 넥 길(다니기 편하게 주로 나무로 만든 길)도 있어, 찌는 더위만 아니라면 더할 나위 없이 평온한 코스다.

휴게소 그늘에서 잠깐 땀을 식히고 간다. 인증센터나 휴게소에 가면 늘 새로운 사람을 만나게 된다. 여기도 예외가 없다. 자전거 산 지 3주 만에 짧은 휴가를 이용해 국토종주에 나선 청년 두 명을 만난다. 우리보다 더 돈키호테 같은 친구들이 아닌가. 그들의 용기와 패기는 참으로 대단하다. 그 모습이 젊음 그 자체로 다가온다.

발 14:25 양산물문화관 인증센터   → 0.1km/ 5m   착 14:30 물금리 794-9 (국수 파는 곳)

QR 4-5-2 양산물문화관 인증센터 → 경남 양산시 물금읍 물금리 794-7

이제 남은 코스는 낙동강하굿둑까지다. 시간이 오후 2시를 넘어서까지도 식당을 찾지 못해 허기가 지고 기운이 빠진다. 빨리 식사할 곳을 찾아야 한다. 출발한 지 몇 분 되지 않아 드디어 길가에 세워진 간판 하나가 반짝이는 보석처럼 눈에 들어온다. 간단한 메뉴지만, 이 순간에는 그 어떤 진수성찬보다도 반갑다. 마치 주인 할아버지가 봉이 김선달의 후손이라도 되는 듯, 가게도 없이 바로 자기 집 앞에 파라솔과 테이블 몇 개 갖다 놓고 손간판을 떡 하니 걸어두고는 현금 장사를 한다. 이곳은 사람들의 발길을 꽤 끄는 자리다. K는 앉자마자 옆 테이블 손님과 한창 대화 중이다. 낯선 이들과도 금방 말이 통하는 자전거 여행의 묘미는 이런 순간에 있는 것 같다. 같은 취미를 가진 여행자들끼리 고생을 공유하면 어느새 동지애가 피어난다. 메뉴판에도 없는 국수를 시키고 막걸리에 파전을 주문한다. 푸짐한 상에 반주 한 잔을 곁들이니 평안 감사도 부럽지 않다.

 발 15:50 물금리 794-9 국숫집   →27.6㎞/2h   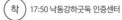 착 17:50 낙동강하굿둑 인증센터

(좌)QR 4-5-3 경남 양산시 물금읍 물금리 794-7 (국숫집) → 낙동강하굿둑 인증센터 / (우)영상QR 4-5-3 낙동강하굿둑 가는 길

배를 채우고 나서, 물 한 바가지 덮어쓰고 마지막 목적지를 향해 달리기 시작한다. 강 왼편을 타고 물금역을 지나며 강변을 따라가다 보면, 낙동강대교, 대동화명대교, 구포낙동강교, 구포대교가 잇따라 나타난다. 강서낙동강교, 서부산낙동강교 아래를 차례로 지나면 하굿둑이다. 인증센터는 하굿둑을 건너 을숙도 탑공원 안에 있다.

드디어 모든 것이 끝났다. 처음엔 남의 이야기처럼 들렸고, 까마득하게만 보였던 길. 첫 페달을 밟을 때만 해도 아득했던 이곳, 그러나 쉼 없이 달리고 또 달리다 보니 어느새 여기 서 있다. 사람의 의지와 힘이란 미약한 것 같으면서도 참으로 대단하다. 국토종주 633㎞ 완료 표지석 앞에 선다. 이루 말할 수 없는 감정들이 물결친다.

근무 시간이 17시 30분까지인 종주 인증센터는 이미 문을 닫았기에, 완주 인증은 다음 기회로 미루고 숙소로 향한다. 여기도 저녁 먹을 식당 찾기가 쉽지

않다. 마침, 찾아낸 근처 식당에서 국토종주의 성공적인 마무리를 자축한다. 이 모든 여정이 마침내 끝났다는 사실이 실감 나지 않는다. 두 달 전 K와 동해 안종주 한번 해 볼까 이야기가 나오기 무섭게 바로 떠났다. 다녀오자마자 국토 종주도 이렇게 벼락같이 해냈다. 이제 국토완주를 향해 간다.

　두 번에 걸친 장거리 자전거 여행을 통해 우리나라에 이렇게 좋고 멋진 곳이 많다는 걸 다시 한번 느끼게 되었다. 자동차로는 접근할 수 없는, 그러나 걸어 서는 시간이 너무 걸리는 금수강산 곳곳의 아름다움을 만끽하는 데는 자전거 만 한 게 없다는 것도 거듭 확인했다. 우리의 자전거 여행은 페달 돌릴 힘이 남 아 있는 한 계속될 것이다. 혹여 기회가 된다면 시간에 구애받지 않고 풍치를 맘껏 감상하면서 사진도 자유롭게 찍을 수 있는 나 홀로 자전거 여행도 해 보 고 싶다.

　다음 목적지는 4대강자전거길 중 남은 영산강과 금강을 필두로 자전거 수첩 에 도장이 비어 있는 곳들을 마무리하여 국토완주를 완성할 것이다. 그 후 종 주 길에서 갈라진 지선들도 돌아보고, 울릉도, 대마도까지… 생각만 해도 또 가슴이 뛴다.

　"시작은 미미했으나, 끝은 창대하다."

자전거 국토종주 종점, 낙동강하굿둑

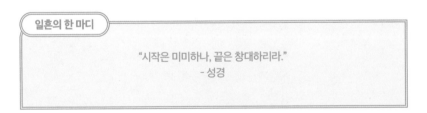

일흔의 한 마디

"시작은 미미하나, 끝은 창대하리라."
- 성경

　일흔, 나는 자전거와 사랑에 빠졌다

영산강과 섬진강에서
만난 화합과 평화

: 4대강종주 1

5장

느러지전망대에서 만난
최부 이야기 : 나주

2021년 여름은 내게 자전거와 하나가 된 계절이었다. 6월, 거친 파도를 타고 동해안을 힘차게 달렸고, 8월의 뜨거운 태양 아래 국토를 자전거로 종주했던 기억이 벌써 몇 달 전이다.

4대강자전거길 중 남아 있는 영산강과 금강을 가기로 해 놓고 차일피일 미루다 보니, 벌써 날씨가 제법 쌀쌀해져 마음이 바빠진다. 달린 길을 지도 위에 붉은색으로 물들여보면서, 그 선들이 하나로 이어지는 모습을 상상한다. 빨리 모든 길을 완성해 보고 싶은 마음이 간절하다.

10월 말에 먼저 영산강 길을 다녀오기로 하면서, 4대 강 길에 포함되지 않는 섬진강 길도 같이 뛰기로 했다. 133㎞와 149㎞, 합쳐서 282㎞로 2박 3일 일정으로 계획을 짰다. 울산 돌아오는 동광양 버스 일정상, 영산강 종착지인 담양댐에서 섬진강 출발지 섬진강댐까지는 점핑(차로 이동하는 것) 하기로 했다. 날씨가 추워져 아침저녁 현지 기온이 울산보다 낮아서 옷을 잘 챙겨가야 할 것 같다. 이번 라이딩도 나의 영원한 자전거 메이트인 K와 함께한다. 어떤 추억들이 또 만들어질지 자못 기대된다.

빨리 다녀와서, 날씨를 보아 11월 중에 4대 강 길 중에 하나 남은 금강자전거길을 오천자전거길과 함께 묶어서 다녀올 계획이다. 이렇게 하면 동해안자전거길, 국토종주와 4대 강까지 완료되겠다. 지도에 붉은색이 제법 늘어나 있을 것 같다. 그 뒤는 안동댐 길과, 제주도 그리고 북한강 길만 남는다.

　　참으로 오랜만의 전라도 나들이다. 예전에 회사 일로 광주 출장을 한창 다녔다. 자주 묵었던 여관 건물에 식당이 있었는데 그 집의 육회 비빔밥 맛에 반해서 집에 돌아오면 전라도 음식 맛있다고 자랑을 해댔다. 그것 때문인지 아내가 어느 날 전라도 본향의 음식을 맛보고 싶다고 해서 며칠 시간을 내어 전라도 맛 기행을 한 적이 있었다. 내 기억으로는 그때 들러 보고는 목포는 처음 같다.

　　버스가 출발하자마자 기사 분께 목포 도착 예상 시간을 물어본다. 주말이라 차가 많이 막혀 예정 도착 시간 보다 30분 정도 더 걸릴 것 같다고 한다. 저녁 식사 시간에 늦지 않도록 오후 7시 전에 숙소에 도착해야 하는데 버스가 지연된다면 밤까지 자전거를 타야 한다. 요즘은 해가 짧아 오후 6시 정도면 어두워져 라이트 없이는 라이딩이 어렵다. 다행히 기사님이 달려 준 덕분에 얼마 안 늦어 도착한다.

발 14:25 목포종합버스터미널　　→ 4.3㎞/ 45m　　착 15:10 영산강하굿둑 인증센터

(좌)QR 5-1-1 목포종합버스터미널 → 전남 목포시 옥암동 1374 → 영산강하구둑 인증센터 → 통일전망대 인증센터
(우)영상 QR 5-1-1 영산강하굿둑 인증센터 가는 길

　　터미널을 나와 오른편에 있는 버스터미널교차로에서 왼쪽으로 방향을 틀어 나가다가 이바돔감자탕이 있는 사거리에서 좌회전해서 직진한다. 하당교교차로에서 우회전하여 만남의 폭포가 있는 25호광장교차로까지 달린다.

터미널에서 4.3㎞밖에 안 되는 영산강하굿둑 인증센터
는 쉽게 찾아갈 줄 알았는데, 25호광장교차로에서 문제가
생겼다. 내비게이션은 가는 경로를 복잡하게 알려주었고
따라가 보면 아니다. 계속해서 뺑뺑이를 몇 번 돌고 나니
30여 분의 시간이 흘렀다. 현지인에게 물어보는 게 상책인

QR 5-1-2
25호광장교차로

데 물어볼 사람도 마땅찮다. 한참 헤맨 끝에 교차로 건너서 강변까지 곧장 내
려가서 목포리틀야구장 끝에서 왼쪽으로 틀어 조금만 더 가니 모습을 드러낸
다. 뒤쪽으로는 삼호대교가 길게 누워 있다.

도착한 영산강하굿둑 인증센터
옆에는 '목포시 자전거터미널'이란
어마어마한 포스의 간판을 단 카페
가 자리하고 있다. 영산강종주 시
작 점인 것을 염두에 둔 이름 같다.
자전거를 빌릴 수 있고 정비도 하며
따뜻한 차 한 잔의 여유까지 누릴
수 있는 곳이다. 알고 보니 생긴 지
몇 달이 되지 않았다.

목포시 자전거터미널

인증센터 옆 코스 안내판이 눈에 들어온다. 그곳에는 영산강자전거길을 따
라 마주할 '영산 팔경'의 사진들이 걸려 있다. 한 폭의 그림 같은 풍경들이 보는
이를 유혹한다. 고단했던 장거리 버스 여행의 피로가 사라지고, 자전거 페달
밟을 힘이 다시금 샘솟는다. 영산강을 따라 펼쳐질 새로운 이야기, 이제 그 첫
걸음을 내디딘다.

QR 5-1-3 영산강하굿둑 인증센터 → 전남 무안군 일로읍 복룡리 1960 → 느러지관람전망대 인증센터

강둑 자전거 길로 올라선다. 멀리 부채처럼 펼쳐진 산들이 흐린 하늘을 배경으로 조용히 앉아 있다. 우리를 차분히 바라보며 안녕을 기원해 주는 듯하다. 약간 쌀쌀하게 느껴지지만, 자전거 타기에는 좋은 날씨다. 길옆에는 인증센터 표지판이 다소곳이 서 있다. 표지판 옆 자연스럽게 자라난 작은 풀과 나무들은 길목을 부드럽게 감싸고 여행자들의 출발을 응원하는 듯 잔바람에 손을 흔들고 있다. 잠시 멈춰 서서 풍경을 감상하다 페달에 힘을 실어 길을 나선다.

남창대교를 건너온 자전거 길은 영산강 왼편을 타고 몽탄교차로까지 계속 이어진다. 교차로에서 우회전하여 몽탄대교를 건넌 후 화정마을회관을 지나고 오르막을 조금 오르면 느러지관람전망대 인증센터가 보인다. 시간이 흐르자, 하늘이 점차 맑아진다.

QR 5-1-4
느러지관람전망대

인증센터에서 조금 더 가면 느러지전망대가 나온다. 여름이면 수국이 만발한 꽃길을 따라 걸을 수 있다는데, 지금은 철이 아니라 아쉽게도 그 모습을 볼 수 없다. 강이 U자 형태로 굽이쳐 흐르며, 돌출된 지형이 마치 한반도를 닮았다. '느러지'라는 지명도 강물이 이곳에서 천천히 흐르기 때문에 붙인 이름이라고 한다.

인증센터 근처에 돌로 된 큰 표지석들이 보인다. 표지석에는 '표해록 따라

걷는 곡강, 최부길'과 '표해록 이동경로'라고 각각 새겨져 있다. 잠시 발을 멈추고, 15세기 조선의 최부를 떠올린다. 그의 기행문『금남표해록』은 바다를 표류하며 중국 땅을 밟았던 여정을 담고 있다. 최부는 도망간 범죄자를 추적해 체포하는 추쇄경차관으로 제주도에 가 있었다. 부친상을 기별받고 급히 제주에서 육지로 향하던 뱃길이 추자도까지 갔다

표해록 따라 걷는 곡강, 최부 길

가 거친 겨울바람에 휩쓸려 흑산도까지 밀려나 결국 중국에 닿았다. 그 후 북경을 거쳐 명나라 황제를 만나고, 압록강을 넘어 조선으로 돌아온다. 그 여정 속에서 중국 사회를 자세히 관찰한 것을 표류기와 함께 세밀하게 기록으로 남겼다. 이 글은 단순한 여행기를 넘어선 명작으로 평가받는다. 그의 호 '금남'은 지금도 광주광역시의 '금남로'에 남아 있다.

　세상사란 결국 예측할 수 없는 우연의 연속이 아닌가. 우연히 표류하던 그가 남긴 이야기가 지금 이곳에서 나의 발걸음을 멈추게 한 것도, 어쩌면 우연(偶然)을 선연(善緣)으로 바꾼 최부의 노력 덕분일지도 모른다. 그의 숨결이 담긴 이 글을 읽어보고 싶어진다.

일흔의 한 마디

"우연(偶然)을 선연(善緣)으로."

영산포 3종 세트와의 만남
: 영산포

 발 17:40 느러지관람전망대 인증센터 → 19.7㎞/ 1h 15m 착 18:55 죽산보 인증센터

(좌)QR 5-2-1 느러지관람전망대 인증센터 ~> 죽산보 인증센터 / (우)영상QR 5-2-1 죽산보 가는 길 (야간 라이딩)

  강 오른편을 타고 계속 달린다. 해가 서서히 저물어가 오후 6시가 지나니 주위가 어두워진다. 라이트를 켜고 야간 라이딩을 이어간다. 숙소 예약할 때 들었던 주인장의 목소리가 떠오른다. 저녁 7시가 지나면 대부분의 식당이 문을 닫을 테니 일찍 와서 저녁을 해결하라고 했던 말이 머릿속에 맴돈다. 마음이 급해진다. 낮에 입었던 옷 그대로여서 점점 더 차가워지는 공기에 추위를 느끼며 허기도 몰려온다.

  죽산보에 가까워지자, 저 멀리서부터 화려한 네온사인이 밤하늘을 물들이고 있다. 도심의 야경 못지않을 만큼 아름다운 죽산보의 밤 풍경이 펼쳐진다. 저 휘황한 조명은 낮과는 전혀 다른 분위기를 연출하고 있다. 마치 우리의 다양한 삶의 모습처럼. 다른 보들도 이렇게 화려한 조명을 갖춘다면 더 많은 사람들이 밤에도 찾지 않을까 하는 생각을 해 본다.

죽산보 야경

발) 19:00 죽산보 인증센터　　→ 10.2㎞ / 40m　　착) 19:40 명성리버텔 (영산포)

QR 5-2-2 죽산보 인증센터 → 명성리버텔 (영산포)

　숙소가 있는 영산포까지 10㎞ 남짓. 밤중에 아무리 서둘러도 30분은 걸릴 테니, 7시 반은 지나야 도착할 것 같다. 저녁을 해결하기 어려울 것 같다는 생각이 들지만, 혹시나 하는 마음으로 더욱 힘을 내어 페달을 밟는다. 숙소에 도착해 물어보니 아직 열려 있는 식당이 있을지 모르니 얼른 나가 보라고 한다. 몇 개의 문 닫힌 식당을 다급하게 지나, 불이 켜진 한 식당을 찾았지만, 밥은 이미 끝났다. 배고픔을 견디며 또다시 발걸음을 재촉한다. 결국 한 식당을 찾아 들어간다. 마치 깜깜한 밤길에 만난 등불 같다.

　아내와 함께 미식 여행을 올 만큼 전라도 음식은 맛도 좋지만, 인심 또한 넉넉하다. 한 번은 광주 출장 중에 혼자 식당에 들렀는데, 그날이 마침 결혼식 잔치 손님들로 모든 테이블이 예약되었지만, 주인은 나에게 아무 자리나 앉아도 좋다며 이미 차려 놓은 반찬들과 함께 식사하라고 했다.

테이블 위에 놓인 반찬 중 하나가 유난히 눈에 띄었다. 붉게 무쳐 놓은 그것은 바로 홍어 무침이었다. 이 지방에서는 잔치에 빠질 수 없는 음식이라며 내게 권했다. 나는 홍어가 비싸고 귀한 음식이라는 것을 알고 있었기에, 이렇게 먹어도 되는지 물었다. 주인은 "잔치 음식은 나누는 것이 당연하다."라는 말로 나를 대접했다. 그 귀한 홍어를 공짜로 먹고 나니 왠지 뒷골이 당기는 듯한 기분에, 다음에 꼭 다시 오겠다고 약속했다. 불행히도 출장 일은 거기서 끝이 났고, 더는 그 식당을 찾을 일이 없게 되었다. 주인은 아마 내가 다시 올 것을 믿고 기다렸을지도 모를 일이다.

영산포는 남포 또는 금강진이라고도 불리며 한때 홍어 집산지로 이름을 날렸던 곳이다. 영산포 주변은 모두 홍어로 유명하다. 신안과 목포 등지에서 실어 온 홍어가 이곳에 도착할 즈음, 그 맛이 가장 뛰어나 이곳에서 홍어 상권이 발달했다고 한다. 하지만 예전의 영화는 모두 사라졌다. 외부에서 찾아오는 유동 인구도 많지 않아 모든 것이 정체된 상태다. 우리 사회에 들이닥친 고령화가 여기도 예외가 아니고 빈곤과 다문화 이주자들의 집중까지 덮쳐 있는 상태라 한다. 세상의 변화를 따라잡지 못하면 사라질 수밖에 없다는 이치를 다시금 깨닫게 된다.

식사를 마친 후 내일 아침 걱정을 하는데, 우연히 식당 벽에 '팥죽 판매'라는 글귀가 눈에 띈다. 팥죽 포장 주문으로 이 식당에서 오늘 저녁과 내일 아침 두 마리 토끼를 다 잡게 됐다. '콩물국수'라는 메뉴도 붙어 있기에 어떤 건지 물었더니 여기서는 콩국수를 그렇게 부른다고 한다.

식당 찾으면서 보았던 멋진 전통 찻집이 눈에 삼삼해 숙소 돌아가는 길에 들려서 간다. 아무 데서나 맛볼 수 없는 직접 끓인 '진짜' 쌍화탕을 주문한다. 문

닫을 시간이 다 돼서 테이크아웃만 가능한데, 이 경우 쌍화탕에 노른자가 빠진다는 것이다. 그건 마치 앙꼬 없는 찐빵과 같지 않은가. 다음에 오면 노른자 두 개 넣어주겠다는 여주인의 약조를 받고 쌍화탕을 들고 나온다. 다음 날 아침, 숙소에서 식은 것을 마셨음에도 그 맛은 여전히 일품이다. 노른자 넣은 쌍화탕 때문이라도 다시 와야 할 것 같다.

우리가 묵은 영산포의 숙소, 명성리버텔에 대해서도 조금 이야기하자면, 처음 전화로 예약할 때는 무뚝뚝한 주인의 반응을 보고 시골 모텔은 원래 그런가 보다 했었다. 하지만 도착해 보니 외관과는 전혀 다른 내부 모습에 놀랐다. 내부는 리모델링을 했는지 완전 호텔 같다. 트윈 방을 5만 원에 예약했는데 더블베드와 싱글베드로 구성된 넓은 방을 배정해 주었다. 심지어 방 안에는 스팀살균 스타일러까지 있다. 이 작은 마을에서 이런 시설을 갖춘 숙소가 5만 원이라니, 정말 놀라운 일이다. 게다가 모텔 외벽에 달린 플래카드에는 4.5만 원 트윈 방을 4만 원으로 특별 할인한다고 되어 있다.

영산포에 들러 홍어 맛을 보고, 전통 찻집에서 '진짜 쌍화탕' 한 잔 마신 후 명성리버텔에서 하룻밤을 묵게 되면, 영산포 3종 세트가 완성된다.

일혼의 한 마디

"The only constant in life is change.(세상의 유일한 불변은 변화 자체다.)"
- 헤라클리토스

2021 10/31 (일)	2일차 144.5km	명성리버텔 (나주)	61.9km	담양댐 인증센터
		섬진강댐 인증센터	82.6km	또또게스트하우스 (구례)

발 07:35 명성리버텔 → 11.5km/ 45m 착 08:20 승촌보 인증센터

(좌)QR 5-3-1 명성리버텔 → 승촌보 인증센터 / (우)영상QR 5-3-1 안개를 헤치고 승촌보 가는 길

어제저녁 식당에서 사 온 철 이른 동지팥죽으로 속을 채운 후 승촌보로 향해 다시 페달을 밟는다. 영산포 선창에 걸린 영산교를 건너 강 왼편 길을 타고 오른다. 담양댐까지는 전체적으로 부드러운 오르막 경사인데, 라이딩에는 문제 없을 정도다.

이맘때의 영산강은 운무의 계절이다. 온 강변을 어루만지는 부드러운 안개는 마치 세상과 분리된 또 다른 세상을 열어 놓은 듯하다. 안개가 강물 위로 은은하게 번지며 길을 감싸안고, 그 너머의 풍경을 몽환적인 장막 속에 숨긴다.

페달을 밟을 때마다 마치 베일을 한 겹씩 벗겨내는 듯, 신비로운 세상으로 더 깊이 들어간다. 고요 속에 모든 것이 멈춘 듯한 평화가 감돌며, 문득 영화의 한 장면 속에 있는 듯한 감상에 젖어 든다.

저 멀리 안개 너머로 홀로 자전거를 타고 가는 K의 실루엣이 희미하게 비친다. 뿌연 안개가 시야를 가리지만, 그 차가운 느낌이 오히려 상쾌해 왠지 기분이 좋다. 나도 모르게 입속에서 노래가 흥얼거려진다.

'사랑이라면 하지 말 것을 처음 그 순간 만나던 날부터…'

오래전 고인이 된 배호의 노래, 〈안갯속으로 가버린 사랑〉이다. 언제 들어도 마음을 파고드는 애창곡 중 하나다. 그의 노래는 고음이 많지 않아, 내 목소리에도 잘 맞는다. 젊은 시절엔 아내와 가끔 노래방에 가서 이 노래를 부르기도 했었다. 그때마다 아내는 배호 노래가 내게 참 잘 어울린다며 앙코르를 요청하곤 했는데…. 이제는 그 시절이 아득히 먼일처럼 느껴진다. 안개가 다시 얇아지는 계절이 돌아오면, 아내에게 이 노래를 다시 한번 들려줘야겠다.

시야를 가리던 안개가 8시나 되어서야 서서히 걷히기 시작한다. 나주대교를 지나 승촌보 인증센터에 도착하니, 이른 시간 탓에 영산강문화관은 아직 닫혀 있다. 잠시 숨을 고르고 다시 담양을 향해 길을 이어간다.

발 08:30 승촌보 인증센터　→28.2㎞/ 1h 55m　착 10:25 담양대나무숲 인증센터

(좌)QR 5-3-2 : 승촌보 인증센터 → 담양대나무숲 인증센터 / (우)영상QR 5-3-2 안개 속 승촌보

승촌보 위로 펼쳐진 아치형 구조물들이 짙은 안개에 싸여, 몽환적인 풍경을 연출한다. 승촌보를 건너 강 오른쪽 길로 올라가면 광주로 들어선다. 강변의 지루한 풍경이 얼마간 지속된다. 극락교 아래를 통과하면 풍경이 달라지면서 축구장, 농구장이 나오고 어등대교를 지나쳐 가면 야구장들도 많이 보인다. 주말이라 많은 야구 동호인이 나와 경기를 즐기고 있다.

광주를 지나오면서 중간에 좀 쉬기도 했고 중간중간에 도로 공사로 우회해야 하는 관계로 시간이 오래 걸렸다. 담양 쪽으로 넘어와도 울산의 '십리대밭' 같은 큰 대나무숲은 아직 눈에 띄지 않는다. 신용산교 밑을 통과하면 얼마 안 가 인증센터를 만난다.

발 10:30 담양대나무숲 인증센터　→17.6km/1h 35m　착 12:05 메타세쿼이아길 인증센터

(좌)QR 5-3-3 담양대나무숲 인증센터 → 전남 담양군 담양읍 객사리 285 → 전남 담양군 담양읍 학동리 603-4 → 메타세쿼이아길 인증센터
(우)영상QR 5-3-3 담양대나무숲길을 따라서

드디어 담양의 대나무 숲길을 만난다. 길 양옆으로 빽빽이 서 있는 대나무가 자전거 길을 감싸안으며, 한 폭의 그림 같은 풍경을 보여준다. 계속 달려 향교교가 앞에 보이면 오른편에 유명한 담양국수거리가 나온다. 휴일이라 그런지 사람들이 가족 단위로 많이 나와 있다. 대나무 숲과 메타세쿼이아 산책로로 이름난 죽녹원은 향교교 건너에 있다.

잠시 머물다 향교교를 스쳐지나가 계속 강 오른편을 달리면 학동교부터 죽향대로를 따라 메타세쿼이아 가로수길이 나 있다. 그 길이 끝나는 금월교를 건너면 인증센터가 있다. 담양댐까지 올라갔다가 다시 내려와서 여기서부터 26

㎞를 달려 유풍교까지 가면 섬진강자전거길을 중간에서 만날 수 있다. 우리는 돌아가는 버스 예약 시간에 맞춘 일정상 담양댐 인증센터에서 섬진강댐 인증센터까지 차로 점핑(구간을 차로 이동하는 것) 하기로 한다. 이 구간도 지나오면서 공사로 우회 구간이 많아 반 시간 이상 더 소요되었다. 우회 길 안내판은 공사 구간 요소요소에 세워져 있다.

발 11:40 메타세쿼이아길 인증센터 → 5.2km/ 25m 착 12:05 담양댐 인증센터

QR 5-3-4 메타세쿼이아길 인증센터 ~> 담양댐 인증센터

반 시간을 채 못 달려 인증센터에 도착한다. 인증센터 바로 옆에 편의점 겸 식당이자 섬진강 인증센터까지 점핑도 해 주는 '오감서'란 식당이 있다. 도착하자마자 식당 사장과 점핑 가능 시간부터 확인한다. 봉고 차에 자전거 3대를 실을 수 있는데 우리 2대만 갈 경우로 해서 5만 원으로

QR 5-3-4-1
오감서 식당

예약했다. 그런데 마침 기다리는 점핑 손님 한 분이 있었다. 이분과 함께 가기로 하고 각각 3만 원으로 여주인이 칼같이 다시 정리해 준다. 덕분에 2만 원 벌었다. 돈 벌기 참 쉽다. 점심이 준비되는 동안 씻고 충전도 하며 휴식을 취한다.

발 12:45 담양댐 인증센터   → (차량으로 점핑)   착 13:15 섬진강댐 인증센터

QR 5-3-5 담양댐 인증센터 → 섬진강댐 인증센터

섬진강댐 인증센터까지 우리를 태워줄 차가 출발한다. 운전수는 오감서 식당 바깥주인이다. 주인 부부는 투박한 경상도 사투리를 쓰는데, 남편은 해운대 출신이라 소개한다. 낯선 땅, 담양댐까지 이르러 터를 잡게 된 사연이 궁금해 자연스럽게 이야기를 건넨다. 섬진강댐까지 점핑하는 차 안에서 이 부부의 기나긴 인생극장이 펼쳐진다.

올해 예순을 바라보는 남편은, 스무 살 무렵부터 부산에서 밴드 그룹 활동을 했다. 부인은 다섯 살 연상으로 당시 밴드의 보컬이었다. 두 사람은 '누나, 동생' 하며 친하게 지내게 된다. 군에 입대한 그가 휴가 나와 다시 만난 날, 누나의 따뜻한 환대 속에 사랑을 하게 되고, 아이가 생기자, 결혼까지 이어지게 된다.

결혼 후 그는 음악을 잠시 접고 가족의 생계를 위해 택시와 버스를 운전하며 생활을 꾸린다. 그 후 부산과 일본을 오가며 보따리 장사에 나섰는데, 어느 순간 진주 밀수에 손을 대어 전국 보석상에 물건을 대는 일로 수십억 원을 벌어들였다. 하지만 그런 삶이 늘 그렇듯, 그 거액도 불과 이 년 만에 그의 손을 떠나고 만다.

결국 그는 다시 음악으로 돌아온다. 옛 친구들이 각설이 공연으로 성공하던 시절, 그도 각설이로 무대에 오른다. 전국을 누비던 어느 날 구례에서, 그가 새로운 삶을 찾게 해 준 한 할머니가 식당을 해 보라고 강력하게 권유한다. 이내 그는 식당으로 다시 일어섰고, 마침내 몇 년 전 이 건물을 사서 지금까지 운영

을 이어오고 있다.

이제 부부의 네 자녀들 모두 잘 정착했고, 아내는 여전히 노래를 사랑하여 '희정아'라는 유튜브 채널에 곡을 올리고 있다. 그동안 두 사람이 흘린 땀의 무게만큼 오늘의 행복으로 보답받고 있는 듯싶다. 세상이 어떻게 변해도, 자신의 길을 묵묵히 걸어온 자에겐 보답이 찾아오는 법임을 새삼 느낀다.

이야기에 푹 빠져 있는 사이, 어느새 섬진강 인증센터에 도착한다. 헤어지며 부부의 건강과 무탈한 일상을 마음 깊이 빌어준다.

일흔의 한 마디

"인생은 흘린 땀의 무게만큼 보답한다."

섬진강댐 인증센터

김용택 시인 생가,
문학의 향기를 맡다 : 임실

2021 10/31 (일) | 발 13:20 섬진강댐 인증센터 → 16.1㎞ / 55m 착 14:15 장군목 인증센터

(좌)QR 5-4-1 섬진강댐 인증센터 → 장군목 인증센터 / (우)영상QR 5-4-1 장군목 가는 길

섬진강댐 인증센터를 떠난 길은 이제 섬진강을 따라 유유히 흘러 내려간다. 원래 섬진강자전거길은 4대강종주 인증 구간에 들어 있지 않다. 하지만 영산 강만 타기에는 오가는 시간이 아까워서 섬진강도 같이 타기로 한 것이다. 또 한, 섬진강은 그 풍광이 아름다워 라이더들 사이에는 가고 싶은 강길 1순위로 꼽힌다니 언젠가는 와 볼 자전거 길이었다.

여기서부터 섬진강이 끝나는 광양까지는 미세한 내리막 구간이라 오늘 140여 ㎞를 달리는 데는 문제가 없을 듯하다. 강을 따라 내려가다 다리를 건너고, 다시 왼편으로, 오른편으로 강과 함께 자전거는 길을 바꿔 나간다. 장산마을회관이 나타나면 바로 옆에 섬진강 시인 김용택의 생가가 있다. 그의 시 중에서 특별히 내 머릿속에 오랫동안 남아 있는 것이 하나 있다. 아이들과 시 쓰는 공부를 하면 서 지었다는 「콩, 너는 죽었다」란 시로 초등학교 교과서에도 수록되었다.

'콩타작을 하였다
콩들이 마당으로 콩콩 뛰어나와
또르르또르르 굴러간다
(중략)
어, 어, 저콩 좀 봐라
쥐구멍으로 쏙 들어가네
콩, 너는 죽었다'

그의 말을 빌리면, 이 시는 어머니가 하신 말씀이라 했다. 어느 가을 집에서
콩 타작을 하고 있는데, 콩 한 톨이 또르르 굴러가더니 쥐구멍에 쏙 빠져버렸
다. 콩을 털고 있던 어머니가 그걸 보고는 '콩 너는 죽었다'라고 말씀하신 것을
받아썼을 뿐이라는 것이다. 이 시인은 자연을 친구 삼아 평생을 순진무구한 아
이들과 함께 섬진강을 노래하며 살아오신 분이다. 이런 어린아이의 감성을 가
질 수 있는 원천이 바로 섬진강이라 했던가.

조금 더 내려가 천담리에 이르면, 강물이 굽이치는 곡류 부를 따라 자전거는
U자 형태의 길을 지난다. 이 부분이 끝나면 바로 장군목 유원지가 펼쳐진다.
조금 넓은 울산 배내골 같은 분위기 같다. 주차된 차들도 많고 사람들도 제법
있다.

거센 강물이 오랜 세월 깎아낸 바위들 사이로 물결이 부딪치고 흐르며 기묘
한 풍경을 자아낸다. 바위들은 저마다 이름을 가지고 있지만, 그중 제일 유명
한 것이 강 한가운데 자리 잡고 있는 요강 바위라 한다. 세월이 빚어낸 이 바위
들은 자연의 천연 조각품이다.

얼마 안 가 섬진강 마실 오토캠핑장에 있는 인증센터에 닿는다. 마실 휴양
숙박 시설 단지를 알리는 돌 표지석도 근처에 서 있다. 강 건너에는 용궐산 자
연휴양림에 온 차들이 주차장을 메우고 있다.

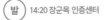 

발 14:20 장군목 인증센터 → 20.9㎞/ 1h 15m 착 15:35 향가유원지 인증센터

(좌)QR 5-4-2 장군목 인증센터 → 향가유원지 인증센터 / (우)영상QR 5-4-2 향가 터널

출발해서 계속 오른쪽으로 가다가 구미교를 건너면 자전거는 강 왼편을 타고 적성교를 향해 내려간다. 길은 적성교 조금 아래 나 있는 다리 위로 이어지고 다리를 건너면 다시 강 오른편을 달린다. 이렇게 몇 번에 걸쳐 강 양쪽을 오가던 자전거는 터널을 만난다. 향가 터널이라고 되어 있다. 터널에 들어서니 춥다. 벽 곳곳에 조형물이 장식되어 있어 마치 시간의 흐름 속에서 역사를 조용히 마주하는 기분이 든다.

원래 일제 강점기에 호남 곡창 지대의 쌀 수탈을 위한 철도가 다니던 터널이었다. 지금은 자전거 길로 개조되어 오히려 평화와 휴식의 공간이 되어 있다. 섬진강종주 자전거 길이 조성되면서 터널 내부를 새롭게 단장한 것이다. 향가 터널을 지나면 향가유원지 인증센터가 나온다.

오전에 다소 지연되었던 시간을 거의 따라잡았지만 시계는 벌써 오후 네 시를 향해 달려가고 있다. 남은 거리는 46㎞. 오늘도 늦기 전에 숙소에 도착해야 밥을 먹을 수 있어 인증만 하고 서둘러 떠난다.

발 15:40 향가유원지 인증센터 → 21.6㎞/ 1h 10m 착 16:50 횡탄정 인증센터

QR 5-4-3 향가유원지 인증센터 → 횡탄정 인증센터

해는 벌써 앞산 머리에 걸리고 인적 없는 길에는 적막만 감돈다. 푸른 하늘을 떠 있는 뭉게구름과 그 너머 저 멀리 주황빛으로 물든 하늘 아래 비치는 산의 실루엣. 산머리에 걸쳐 있는 황금색 해 반 조각. 갈 길 먼 나그네 마음 한구석에 소슬바람이 인다.

긴 거리를 달려온 탓에 피로가 몰려오고 저녁이 되어가면서 식사 걱정이 앞서 마음만 급하다. 야간 라이딩은 속도가 느려지니 저물어가는 저 빛이 사라지기 전까지 열심히 달려야 한다. 다시 한번 호흡을 가다듬고 페달을 힘껏 밟는다. 횡탄정 인증센터에서 인증을 한 후 다시 돌아 나오며 보인정을 지나 횡탄정에서 잠시 발을 멈춘다.

횡탄정 앞 풍경에 반해 많은 시인과 묵객들이 다녀갔는데 그중 유명한 이야기가 있다. 조선시대 이조참판을 지낸 김계와 천재 시인 배광훈 두 사람은 섬진강 일대를 유람하다 횡탄 나루에서 저녁을 맞이한다. 횡탄정에서 바라보는 섬진강 석양에 반해 김계가 먼저 그림을 그린 후 배광훈이 그림 한편에다 시를 올린다.

'인적 끊어진 강나루 석양은 저물고 / 대숲 오두막은 사립문을 닫아버렸네 / 여울목 물안개에 달빛은 스며드는데 / 그대 오는 기척 없어 그리움만 사무치네'

이 짧은 시구 속에 담긴 고요와 그리움, 그리고 이 강이 지닌 무게를 느끼며, 나 역시 이 길 위에서 잠시 누군가가 그리워진다.

횡탄정 앞 전경

정자 옆에는 '횡탄정 이야기'란 안내문이 서 있다. 조선 광해군 시절 어지러운 세상을 등진 성균관 유생들이 유교 예절과 풍속을 향촌에 보급하고 학문도 연마하기 위해 결성한 '횡탄문회계'에 대한 설명이다.

 발 17:00 횡탄정 인증센터 →24.2km/ 1h 30m 착 18:30 또또게스트하우스 구례

QR 5-4-4 횡탄정 인증센터 → 전남 구례군 구례읍 신월리 572-1 (또또게스트하우스 구례)

저녁 여섯 시도 안 됐는데 벌써 깜깜하다. 해가 많이 짧아졌고 시골은 더 빨리 어두워진다. 어둠이 더해지면서 라이트를 켜고 달린다. 라이트 배터리 충전을 안 한 탓에 라이트 빛이 서서히 약해진다. 다른 전등을 꺼내 보지만 그것도 희미한 건 마찬가지다. 앞이 잘 보이지 않아 아직 라이트가 생생한 K를 앞세우고 계속 달린다. '또또민박' 간판 불빛이 멀리서도 또렷하다. 계획 시간에 딱 맞게 도착했다. 일요일 저녁이라 그런지 2층 침대 3개짜리 6인실에 우리밖에 없다. 얼른 짐만 방에 넣어놓고 주인장이 일러준 인근의 '강변 맛집' 식당에 간다. 정말 맛집인지 사람들로 북적거린다.

또또게스트하우스

코다리찜으로 배가 터질 정도로 오랜만에 포식한다. 내
놓은 그릇도 둥근 접시가 아니라 일식집에서 보는 회 접시
와 비슷한 걸 쓰고 있다. 시골 식당치고는 식기와 음식 모
두 레벨이 상급이다. 식사 후 나올 때는 간판 불이 벌써 꺼
져 있다. 저녁 일곱 시 반 정도까지만 손님을 받고 간판은
꺼 놓는다고 한다. 혹시 늦게 와서 간판 불이 꺼졌더라도 식당 안에 불이 켜져
있으면 식사를 할 수 있다.

QR 5-4-5
강변맛집

강에 비친 반영이 너무 아름다워 야경 한 컷도 보관해 둔다. 밤은 추하고 나
쁜 모든 것을 삼키고 이렇게 아름다운 것만 보여준다. 오늘은 참 많이 달렸다.
144.5㎞. 여태까지 라이딩 중 일일 최대 거리다. 그래도 하강 코스가 많아서
그렇게 피곤하지는 않다. 내일은 여유 있는 일정이라 걱정이 없다. 푹 자고 나
면 피로도 다 풀려 있을 것이다. 내일이면 포근한 집으로 돌아간다.

일흔의 한 마디

"자연은 어른을 순수하게 만든다."

구례교 야경

동서 화합의 끈,
화계장터 : 광양

2021 | **3일차** | （발） 06:40 또또 게스트하우스 　→ 5.5㎞ / 35m 　（착） 07:15 사성암 인증센터
11/01 (월) | **69.2㎞**

QR 5-5-1 전남 구례군 구례읍 신월리 572-1(또또게스트하우스 구례) → 사성암 인증센터

　숙소인 또또 게스트하우스는 간단한 아침도 공짜로 해결할 수 있어 좋다. 이른 아침 부엌에 가 보니 빵을 구워 먹을 수 있도록 쨈까지 준비되어 있고 플레이크와 우유도 있다. 게다가 사발 라면 두 개까지. 후식으로 감도 준비되어 있다.

　숙소를 나오니 하늘은 온통 잿빛 구름으로 덮여 있다. 구례교를 지나면 정면에 구례구역이 보인다. 서울 쪽에서 오는 라이더들은 이 역을 많이 이용한다. 서울서 KTX로는 2시간 20분 정도밖에 안 걸린다. 반면에, 코로나 이후 차편이 없어지거나 운행 횟수가 대폭 줄어든 지방에서는 원정 라이딩하기가 매우 어렵다. 울산~목포 버스는 하루 두 번밖에 없고 동광양~울산 노선은 오후 딱 한 번뿐이다. 버스 운행이 빨리 이전 상태로 돌아가 마음대로 다닐 수 있기를 기대해 본다.

　구례구역에서 핸들을 왼편으로 돌려 용문교를 지나 섬진강 오른쪽 길을 달린다. 복잡한 길도 아닌데 길이 헷갈려서 시간을 조금 허비한다. 자전거 길은 동해마을 앞으로 나있는데 벚꽃으로 이름난 '동해 벚꽃길'을 타고 간다. 섬진강 건너편에는 17번 국도가 강변을 타고 나란히 달린다. 그쪽에는 '섬진강 오십 리 벚꽃길'이 있어 봄이면 온 길이 연분홍 꽃잎으로 물든다. 동해벚꽃로에서 간전 면 남도대교를 거쳐 토지면까지 이어지는 삼백 리 벚꽃길은 한국에서 가장 아름다운 길 100선에 선정되었다고 하니 벚꽃이 만발한 날 다시 찾고 싶다.

흐드러지게 핀 연분홍 벚꽃을 머릿속에 그리며 달리다 보니 어느새 사성암 인증센터에 다다랐다. 사성암은 소금강이라 부를 만큼 절경을 자랑하는 곳이다. 사성암에서 내려다본 섬진강의 운해는 말로 표현하기 어려울 정도라 한다. 사성암 사적에 따르면 원효, 도선국사, 진각, 의상 네 분의 고승이 수도한 절이라 하여 사성암이라 부른다.

발 07:20 사성암 인증센터   → 18.6㎞/ 1h   착 08:20 남도대교 인증센터

(좌)QR 5-5-2 사성암 인증센터 → 남도대교 인증센터 / (우)영상QR 5-5-2 안개 속 남도대교 가는 길

출발하여 강둑길로 접어들자, 앞쪽 강 위에 운무가 내리덮기 시작한다. 오른 쪽 산에도 낮게 내려앉아 띠처럼 산허리를 휘감고 있다. 출발 십여 분을 지나자, 짙은 안개 속으로 빨려 들어간다. 완전히 선계에 들어온 기분이다. 신선도 만나보면서 사십여 분을 안개 속을 더 달리면 왼편에 남도대교가 보이고 오른 편에 인증센터가 있다.

섬진강 운해

　남도대교를 건너면 화개 장터다. 예전에는 전라도와 경상도의 내륙 지방에서 온 곡물과 해안 지방에서 운반해 온 수산물이 활발하게 거래되던 곳이다. 모 가수가 부른 같은 제목의 노래로 더 잘 알려져 있는데 동서 화합의 상징이 되어 있다.

　동서 화합을 생각하니 얼마 전 읽은 글이 떠오른다. '좌파 고양이를 부탁해'라는 매우 흥미로운 제목을 단, 김 봄 작가의 에세이다. '보수 엄마와 진보 딸의 좌충우돌 공생기'란 부제에서 느낄 수 있듯이 자녀를 둔, 대한민국의 평범한 가정에서 흔히 볼 수 있는 세대 간 이념과 관점의 차이를 다룬 글이다. 우파(보수) 부모와 좌파(진보) 자녀 간 정치적으로 성향이 다른 딸과 엄마가 서로 반목하다, 사랑하다, 비벼대면서 살아가는 바로 현재 우리 가족들의 모습을 그리고 있다.
　키우고 있는 고양이 두 마리를 프랑스 여행 때문에 엄마한테 맡겨야 하는 김 작가. 40대 딸의 정치적 성향을 문제 삼아 좌파의 고양이는 맡아 줄 수 없다는 칠십 대 우파 엄마 손 여사. 두 주인공의 고양이 위탁에 대한 살바 싸움으로 이야기는 시작된다. 정치적으로는 절교라지만 결국은 자본주의적인 교섭과 합의로 손 여사가 용돈을 받고 좌파 고양이를 맡아주게 된다.

원래 좌파는 정치적으로 급진적 · 혁신적 정파, 우파는 점진적 · 보수적 정파를 뜻한다. 좌익(좌파)과 우익(우파)이라는 말이 정치적 의미로 사용되기 시작한 것은 프랑스 혁명기 때부터다. 프랑스 혁명 직후 소집된 국민의회에서 의장석에서 볼 때 오른쪽에 왕당파(보수)가 앉고, 왼쪽에 공화파(진보)가 앉은 것을 그 기원으로 한다.

우리는 북한과의 대치라는 지정학적 특수 상황이 밑바탕에 자리 잡고 있다. 이 때문인지 언제부터인가 색깔이 많이 변색한 좌, 우와 진보, 보수를 이야기하고 있다. 이 세상은 '정 · 반 · 합'의 과정을 거쳐 발전해 나가는 것이 불변의 이치다. 양쪽 모두가 다 필요하다는 말이다. 그러기 위해서는, 함께 건전하게 발전되어 가야 한다. 한쪽이 쓰러지면, 한쪽 날개가 망가져 날지 못하는 새와 같다. 이러한 바람과는 달리 우리는 불행히도 서로 등을 지고 점점 더 양극단을 향해 달려가고 있다.

고양이까지도 주인에 따라 '좌파 고양이'란 이름을 달고 살아야 하는 것이 우리의 불행한 현실이다. 좌와 우의 극단적인 프레임 속에 갇혀 매일을 살아가고 있는 이 시대의 우리 국민이라면 좌든 우든 한 번쯤은 '도대체 왜 이럴까?' 하는 의문을 가질 법하지 않은가. '인간 삶의 궁극적인 목적은 행복'이란 진리의 열쇠로 이 고차 방정식의 자물쇠를 열어보면 그 답이 나올 것도 같다.

발 08:25 남도대교 인증센터 → 16.6km / 53m 착 09:18 매화마을 인증센터

(좌)QR 5-5-3 남도대교 인증센터 → 매화마을 인증센터 / (우)영상QR 5-5-3 매화마을 가는 길

강 오른편 따라 광양을 향해 내려간다. 길은 섬진강 매화로와 붙었다 떨어지기를 반복하며 강변 따라 춤추듯 이어진다. 강 양편에 교대로 펼쳐져 있는 금빛 모래사장은 답답한 가슴을 시원하게 해준다. 송정공원을 조금 지나면 매화로와 떨어져 다시 강둑길에 올라선다. 도사리에 이르면 눈앞에 금빛 백사장이 칠백 미터나 펼쳐져 장관을 이루고 있다.

'엄마야 누나야 강변 살자
뜰에는 반짝이는 금모래빛…'

나도 모르게 김소월의 시 「엄마야 누나야」를 읊조리고 있다. 소월이 어디서 이 시의 모티브를 얻었는지는 알 수 없으나, 지금, 이 섬진강에 펼쳐진 금빛 모래야말로 시에 걸맞은 풍경이 아닐까 싶다.

섬진강 이름에 얽힌 전설이 있다. 고려 우왕 시절, 왜구가 섬진강 하구를 침입했을 때 수십만 마리의 두꺼비가 울부짖어 왜구가 놀라 광양 쪽으로 피해 갔다는 이야기가 전해진다. 이때부터 강 이름에 '두꺼비 섬(蟾)' 자를 붙여 '섬진강'이라 불렀다고 한다.

광양 매화마을 정보 센터를 지나 인증센터에 도착한다. 조금 더 가면 섬진마을이 나오는데, 많은 이들에게 익숙한 홍쌍리 할머니의 매화마을은 오른편 산자락에 자리 잡고 있다. 이제 시간에 여유가 있어 남은 구간은 슬로 모드로 천천히 달린다.

발 09:20 매화마을 인증센터 → 20㎞/ 1h 40m 착 11:00 배알도 수변공원 무인인증센터

QR 5-5-4 매화마을 인증센터 → 배알도 수변공원 무인인증센터

섬진강

섬진강 하류로 내려가면, 지나온 도사리 백사장같이 넓고 긴 백사장은 더는 보이지 않는다. 차 타고 다니며 들렀던 섬진강휴게소를 지나면 목적지가 얼마 남지 않았다. 배알도 수변공원 칠보산 휴게ㅅ는 내비게이션에서 알려주는 위치보다 강가 우측 덱 길을 따라 더 가야 한다. 공원 입구로 들어와 해변에 도착해서 유심히 보면 오른편에 '100m 더 가면 있다'는 표지판이 서 있다. 배알도 수변공원은 넓은 무료 주차장이 있어 카 캠핑족에게는 잘 알려진 곳이다.

 11:05 배알도 수변공원 인증센터 → 10.4㎞/ 1h 10m 12:15 동광양중중마시외버스터미널

QR 5-5-5 배알도수변공원 무인인증센터 → 전남 광양시 금호동 651 → 전남 광양시 중동 1602 → 동광양중중마버스터미널

강 건너다보이는 포스코 광양제철소가 눈에 익다. 80년대 증설 공사로 자주 출장 왔던 곳이라 마치 오랜 친구를 만난 듯 반갑다. 그 시절 태인동에 머물렀는데 식당의 고기가 아주 맛있어서 유독 기억에 남아 있다. 길옆 강가에 나뭇등걸 하나가 몸을 반쯤 담그고 꽂혀 있다. 길고 고단했던 한 생, 할 일 모두 다 마치고 뻘 위에 편히 누워 있는 고목이 애잔하게 다가온다. 우리네 삶과 닮았다.

중마터미널에 도착해 맛집을 찾다가 '시골 국밥' 집이 눈에 들어온다. 국밥으로 고픈 배를 채우는데, 전라도 음식이 대체로 경상도보다 맛있다는 생각이 든다. 아마 경상 지역보다 넓은 평야와 풍부한 물산 덕에 음식 문화가 더 풍성하게 발달했기 때문일 것이다. 곳간이 넉넉하면 인심도 난다고, 예전엔 흉년이 든 경상도 선비들이 책 보따리 지고 전라도로 건너갔다는 이야기도 있었다. 아무튼, 전라도 음식이 내 입맛엔 딱 맞다.

식후 출발 시간까지 여유가 있어 근처에 있는 '중마시장' 구경에 나선다. 시장이 아주 크지는 않지만, 종류 별로 엔간한 건 다 있다. 가게 이름에도 재미있는 아이디어가 반짝인다. '죽마고우'가 중마동에 있으니 '중마고우'가 되었다. 출발 시간이 되어 터미널에 들어간다. 드디어 집으로 간다. 돌아갈 집이 있다는 건 참 행복한 일이다.

(발) 14:10 동광양중마시외버스터미널 ～ (착) 17:10 울산신복환승센터 ～ (착) 17:30 울산시외버스터미널

4대강자전거길 중 이제 남은 구간은 금강길과 안동댐길이다. 안동댐은 맨 마지막으로 두고, 오천.금강길 라이딩을 11월 하순에 출발하기로 하고 각자 집으로 돌아간다.

사람의 열정은 참 대단한 것이다. 몇 달 전 맨 처음 지도를 펼쳐놓고 어디부터 다녀올지 생각할 때만 하더라도 이렇게 빨리 진행되리라고는 예상하지 못했

다. 다녀온 길을 표시한 지도 위 붉은 선이 그 열정을 말해주고 있다. 어떤 것에도 이런 열정만 쏟을 수 있다면 후회스러운 삶은 되지 않을 것이라 믿는다.

> **일흔의 한 마디**
>
> "상생과 공존의 길을 따라."

카페 중마고우

서해로 향하며
다시 이어진 여정

: 4대강종주 2

6장

긴 기다림 끝에 만나다
: 오천·금강 자전거 길

2021년 여름, 동해안자전거길을 따라 바다의 숨결을 느끼고, 인천에서 낙동강까지 국토종주길을 달린 뒤에도 내 페달은 멈추지 않았다. 이어 10월 영산강·섬진강을 향해 두 바퀴는 또다시 달려갔다. 이제 오천길·금강길과 안동댐길만 남았다. 더 춥기 전 11월 하순에 오천길.금강길을 돌파하기로 마음먹고 버스 및 숙소 예약까지 마쳤다. 계획은 괴산에서 시작해 연풍의 행촌교를 출발점으로, 합강공원까지 오천길을 달린 후 대청댐으로 넘어가서 금강을 타고 군산까지 내려오는 긴 여정이었다.

하지만, 이게 웬일인가! 인생이란 예기치 않은 변수가 늘 도사리고 있는 법. 갑자기 돌발 상황이 발생했다.

출발 이틀 전, K의 자전거 카본 프레임에 금이 간 것이 우연히 발견된 것이다. A/S를 보내도 올해 안으로는 돌아오지 못할 거라는 소식에 한숨이 절로 나왔다.

계획은 2022년 봄으로 미뤄졌는데, 뜻대로 되지 않는 게 인생이던가. 심혈관 스텐트 시술이 필요한 상황이 갑작스레 닥쳐 다시 6월로 연기되었다. 불행은 어깨동무하고 한꺼번에 몰려온다 했다. 8월까지 두 사람 모두 코로나에 걸리면서 계획된 일정은 또다시 물거품이 되었다. 가을엔 반드시 떠나리라 다짐했지만, 이번엔 K의 어깨에 문제가 생겨 계획을 접어야 했다. 오천·금강길과의 인연은 아직 멀기만 했다. 애타는 기다림은 점점 깊어져 갔다.

겨울이 지나고, 2023년을 맞았다. 간다고 운을 뗀 지가 햇수로 3년째가 되었다. 더 이상 미룰 수 없다는 다급함이 몰려와, 3월 초에 무조건 출발하기로 했다. 드디어 그날이 왔다. 하지만 이번에도 일정이 만만치 않았다. 코로나 시기에 줄어든 체력으로 하루 150㎞, 170㎞씩 달리는 계획이 부담스러웠다. 버스 시간을 맞추려면 다른 대안이 필요했다. 결국 괴산까지 차로 이동한 후, 차를 군산으로 탁송해 라이딩 일정을 하루 100㎞ 안팎으로 조정할 수 있었다. 또한 현지 최저 기온 영하 6~7도의 추위도 염려가 되었다. 그러나 아무도 우리의 열정을 막지는 못했다.

지도 위에 붉은 선으로 이어진 국토종주, 동해안종주길에 다 영산강, 섬진강 다녀온 흔적을 추가한다. 이번 라이딩까지 완료되면 4대 강과 국토종주 코스 중 안동댐길만 남는다. 이렇게 되면 4대 강과 국토종주 및 동해안종주 라이딩은 마침표를 찍게 된다. 그리고 그다음 행선지는 제주도다. 또다시 출발한다.

| **2023** 03/03 (금) | 발 09:00 울산 연산할머니순대 | → 2h 35m(자가용) | 착 11:35 연풍 고여사 순대국 |

QR 6-1-1 울산 연산할머니순대 → 연풍 고여사 순대국

예정된 시간에 K의 차로 구수리를 떠난다. 중도에 낙동강구미휴게소를 들러 차량 탁송 관련 최종 확인을 위해 기사와 통화를 한다. 행촌교차로 인증센터에서 11시 50분에 만나기로 약속했는데 탁송 기사는 버스 시간상 30분이나 늦게 도착할 것 같다. 출발부터 지연될 듯한 불안감이 스며든다.

약속은 신뢰의 상징이다. 우리에게는 금과옥조처럼 소중한 약속이다. 선진 사회는 서로의 믿음 위에 세워진다. 택배 기사가 사전 전화 한 통 없이 약속을 어긴 상황이 아섭다. 식사를 먼저 한 후 기다리기로 하고, '고여사 순대국'으로 향한다. 순댓국 맛이 소문을 내고 싶을 만큼 일품이다.

시골 식당인데도 손님들이 많다. 준고속 철도 공사 중이어서 공사 작업 인원들이 많이 오기 때문이란다. 충북 괴산군 연풍면을 관통하는 '중부내륙 고속철도' 공사인데 괴산에 역사상 최초의 역이 들어선다고 한다. 이천~문경 철도 건설사업은 93.2㎞ 구간을 단계별로 건설하는데 이천에서 충주까지 1단계 구간(54.0㎞)은 2020년 개통했다. 충주에서 문경까지 2단계 구간(39.2㎞)에 들어설 5개 역사 건축 공사를 오는 2024년 내 완료 예정이다. 새로 건설될 5개 역사는 충주역과 충주시 살미면과 수안보면, 괴산군 연풍면과 문경시 문경읍에 각각 위치한다. (2022.9.22 한경 기사 발췌.)

괴산군 최초의 철도역 명칭은 '연풍역'이다. 이 철도가 개통되어서 열차로 연풍역에 내려 다시 한번 달려 볼 수 있는 날이 기대된다. (2024년 12월 실 개통 됨.)

도착한 기사에게 차를 인계하고 안전한 탁송을 부탁한다. 탁송 차가 군산 도착한 사진 찍어 보내주면 요금을 송금해 주기로 한다. 만나보니 기사분이 인상이 좋고 생각보다 상당히 친절해서 언짢았던 기분이 다 풀린다.

| 2023 03/03 (금) | 1일 차 78.9km | 발 12:40 고여사 순대국 | →0.9㎞/5m | 착 12:45 행촌교차로 인증센터 |

QR 6-1-3 고여사 순대국 → 행촌교차로 인증센터

오늘은 오천자전거길 따라 청주까지 내려간다. 오천자전거길은 다섯 개(五) 하천(川)을 따라 나 있는데 새재와 금강을 잇는다. 충북 괴산군에서 증평, 청원을 거쳐 세종시까지 쌍천, 달천, 성황천, 보강천, 미호천 총 다섯 개의 수려한 하천을 따라 조성된 자전거 길이라는 의미로 오천자전거길이라 이름 붙였다. 식당에서 5분 거리에 있는 인증센터로 페달을 저어간다.

일혼의 한 마디

"세상 모든 일에는 때가 있다."

오천자전거길

시간이 멈춘 듯한
백로공원 : 증평

2023
03/03 (금) | 발 12:50 행촌교차로 인증센터 → 23.5km/1h 30m 착 14:20 괴강교 인증센터

QR 6-2-1 행촌교차로 인증센터 → 괴강교 인증센터

연풍로를 타다 내리기를 반복하면서 들을 지나고 내를 건너서 쌍천 둑길을 달려간다. 냇물은 두천리에 이르면 달천과 합류한다. 괴강교가 빤히 보이는 만남의광장휴게소에서 페달을 멈춘다. 휴게소 입간판 옆에 인증센터가 서 있다.

오랜 역사를 지닌 괴강교가 폐다리로 있다가 재 단장하여 오천자전거길의 멋진 일부분으로 다시 태어났다. 다리 위에 설치된 철 구조물 모양이 '콰이강의 다리'를 연상하게 한다.

발 14:25 괴강교 인증센터 → 29.6km/2h 5m 착 16:40 백로공원 인증센터

(좌)QR 6-2-2 괴강교 인증센터 → 백로공원 인증센터 / (우)영상QR 6-2-2 백로공원 가는 길

괴강교를 건너 대덕리에 이르면 자전거 길은 성황천을 따라 달린다. 중흥교에 닿으면 다시 보강천을 따라 이어진다. 반쯤 왔을까. 오천자전거길 중 유일한 업힐 구간인 모래재가 나온다. 경사가 심하지 않는 재지만 길이가 상당히 길고 내리막은 상대적으로 짧다. 그래서, 반대편에서 올라오면 조금 힘이 더 들 것 같다. 어느덧 백로공원 내에 있는 인증센터에 도착한다. 안내판에는 오천(5개 하천) 전체가 한눈에 잘 들어오도록 안내 지도를 그려놓았다. 백로공원은 이름대로 백로 조형물로 가득 차 있다.

석양이 물들어 가는 하늘 아래, 백로 조각상들이 바위 위에 여럿 서 있다. 마치 세상의 고요를 지켜보는 수호자들처럼, 그들은 날개를 펼치고 바람에 몸을 맡기고 있다. 가녀린 다리로 바위를 박차고 금방이라도 하늘로 날아오를 듯한 모습이다. 그 아래, 오렌지색 옷을 입은 한 사람이 생각에 잠겨 있다. 백로의 날갯짓과 사람의 고요한 모습이 어우러져, 자연과 인간의 조화로운 순간을 그려낸다. 이곳에서 시간은 멈춘 듯, 모든 것이 평온하다.

(발) 16:45 백로공원 인증센터　　→ 20.2㎞/1h 35m　　(착) 18:20 무심천교 인증센터

QR 6-2-3 백로공원 인증센터 → 무심천교 인증센터

백로공원을 출발한 지 20여 분이 흐르고 석성교 아래를 지난다. 여기부터는 다섯 개 하천 중 마지막인 미호천을 따라간다. 20여 분을 더 달려 가쁜 숨을 잠깐 쉬어 가는데 둑길 아래 말들이 보인다. 해가 질 녘, 은은한 햇빛이 승마장을 덮고 있다. 황금빛으로 물든 하늘 아래, 조용히 서 있는 두 마리 말은 하루를 마무리하며 평온한 시간을 즐기는 듯하다. 고요한 풍경 속에 자연의 시간은 멈추어 있다. 석양이 만들어 내는 은은한 빛을 머금은 공기와 말들의 느긋한 모습은, 도시의 번잡함을 벗어나 평화로운 순간을 그대로 느끼게 한다. 황홀한 풍경에 한참을 취해 있다가 다시 페달을 밟는다.

조금 더 가니 다리가 나오는데 아무리 봐도 자전거를 타고는 건널 수가 없어 내린다. 험한 소리가 입안에서 맴돈다. 아까운 세금으로 만들었을 텐데 두 사람이 비켜 가기도 어려운 길을 만들어 놓고 자전거 도로라 한다. 찻길로 가고 싶지만, 찻길도 꽉 막혀 있어 자전거를 끌고 지나간다. 그림 같은 저녁노을이 아쉬워 다리를 지나가면서도 눈을 떼지 못한다. 흐르는 강물만 없었으면 밀레의 그림이 생각날 것만 같다.

미호천 석양

미호천과 만나는 무심천 하류 지점에 걸린 다리를 건너면 바로 인증센터다. 무심천교 인증센터라는 이름을 보아서는 건너온 다리가 무심천교인 것 같다. 확인해 보려고 하였으나 오랜 세월에 다리에 새긴 글자가 벗겨져 알아볼 수가 없다. 맵상에는 무심천교란 이름의 다리가 무심천을 따라 15㎞ 올라간 지점에 또 있다. 아마 같은 이름의 다리가 두 개 있는 모양이다.

발 18:25 무심천교 인증센터   → 4.7㎞ / 25m   착 18:50 후 무인텔

QR 6-2-4 무심천교 인증센터 → 후 무인텔

숙소가 그리 멀지 않으나 어두워지고 나니 길이 헷갈려서 도착하는 데 시간이 좀 걸린다. 모텔 앞쪽에 첼로 병원이란 큰 병원이 있다. 숙소에 들어가니 댕댕이가 먼저 반갑게 반긴다. 여기는 키오스크로 체크인하는 곳이다. 키오스크 기계가 낯설어 우물대고 있으니, 여주인이 직접 해 준다. 앞으로는 이런 식의 무인 기기가 우리 주변을 모두 둘러 살 텐데 시니어들도 빨리 익혀서 사는 데 불편을 최소화해야 할 것 같다.

QR 6-2-5
곰바위식당

허기가 져 주인장이 추천해 준 식당으로 바로 달려간다. 짜글이 전문집이다. 시장 때문인지 모르겠으나 정말 잊지 못할 맛이다. 짜글이란 음식이 이렇게 맛있는 줄 여태 몰랐다. 맛을 내는 비결이 뭔지 주인에게 물어본다. 주인 왈, 음식은 좋은 재료가 다이고 나머지는 고만고만이란다. 맞는 이야기다. 모든 게 바탕이 좋아야 한다. K가 집에 돌아가면 인터넷 레시피

뒤져 맛있는 짜글이를 개발하겠다고 한다. 후일담인데, K가 어느 날 짜글이를 자신 있게 준비하고는 연락이 왔다. 불행히도 이 맛은 아니었다. 청주에 들를 일이 있으면 이 맛보러 여기 다시 올 것 같다.

땀 부자인 내가 손수건을 가져오지 않은 실수를 저질렀다. 라이딩 중간에 살 데가 없어 낮에 머리에서 흐르는 땀 때문에 애를 먹었다. 저녁 식사 후 손수건을 사러 근처 편의점 3개와 마트 2곳을 들렀으나 파는 곳이 없다. 요즘 팔리지 않아 편의점에도 손수건을 갖다 놓지 않는다 한다.

QR 6-2-6
최호식 탁송·대리 기사

식사 중 차량 탁송 기사로부터 전화가 왔다. 군산 잘 도착하고 사진을 보냈다고 한다. 친절하기뿐만 아니라 일 처리도 깔끔하게 한다. 다음에도 장거리 차량 탁송이 필요할 경우 연락해 보려 한다.

오늘 지나온 오천 길은 하천을 따라 나 있으나 폭이 넓지 않고 다섯 개 강을 오밀조밀하게 걸쳐 있다. 낙동강 길처럼 너무 넓어 막막하지도 않고, 산길처럼 막혀서 답답하지도 않은 베스트 라이딩 코스로 느껴진다. 전반적으로 지루할 틈이 없는 좋은 코스로 강추한다.

내일은 금강자전거길 기점인 대청댐으로 올라가서 본격적으로 금강을 타고 공주보까지 내려갈 계획이다.

> **일흔의 한 마디**
>
> "자연과 가까워지면, 우리는 자신과도 더 가까워진다."
> - 헨리 데이비드 소로

백제와 무령왕이
살아 숨쉬는 곳 : 공주

2023 03/04 (토)	2일차 89km	발 7:25 후 무인텔	→29㎞/3h	착 10:25 대청댐 인증센터

QR 6-3-1 후 무인텔 → 부부농장 문의시내점 → 대청댐 인증센터

아침을 간단히 해결하고 숙소 문을 나서자, 찬바람이 옷깃을 파고든다. 달리면 손과 발이 시릴 것 같다.

8:20

장평교 하부에 도착해서 잠시 쉬어 간다. 여기도 다섯 하천을 표시한 지도판이 있다. 이 지도를 보니까 어제 들렀던 무심천교 인증센터 옆 작은 다리 이름이 무심천교가 맞다.

무심천자전거길을 따라 청남대, 대청댐 방향으로 간다. 고은 사거리에서 길이 갈린다. 피반령, 청남대는 왼쪽 방향으로 가고, 대청댐은 오른쪽으로 가서 부부 농장을 지나쳐 가야 한다. 피반령을 거쳐 청남대 방향으로 가는 사람도 있다는데 거리가 많이 멀고 매우 힘든 코스다.

9:30

(착) 대청댐 전망대

대청호반으로 접어들면 풍광이 기가 막히게 좋다. 호반을 달리며 업힐, 다운힐이 적당히 조화로워 라이딩 코스로는 일품이다. 호수와 산을 같이 품은 이곳에 자전거를 싣고 와서 호수 길을 달리는 이들이 여기저기 눈에 띈다.

QR 6-3-1-1
대청댐전망대

손과 발은 차가워져 꽁꽁 얼어붙기 직전이다. 전망대에서 쌍화차 한 잔을 마시며 언 손발을 녹인다. 허리 가방 벨트의 바느질이 슬슬 떨어질 기미를 보여 주인아주머니께 실바늘이 있는지 물었지만, 이곳엔 없단다. 작은 이 가방 속에는 내 여정의 생명줄인 지갑과 배터리가 있으니, 떨어져 나가면 큰일이다.

대청댐

잠시 화장실에 들르다 입구에 붙은 글에 시선이 머문다. '화장실은 자연과 사람의 연결고리'라고 쓰여 있다. 맞는 말이다. 화장실이 없다면 우리가 이렇게 문명인답게 살기 어려웠을 테니.

불과 17세기만 해도 프랑스 베르사유 궁전에도 화장실이 없었다 한다. 화장실은 궁전을 지저분하게 한다며 만들지 않았다. 그러자 궁에서 일하는 사람이나 찾아오는 손님들은 생리 현상을 달리 해결할 방법이 없어 궁전의 정원을 찾아서 볼일을 보았다. 작은 키를 보완해 주던 하이힐이 여기서 또 다른 진가를 발휘하게 되었다. 용변 보는 사람이야 생리 현상을 해결하면 그만이지만 남겨진 용변과 짓밟힌 나무들로 정원사들의 고통은 이만저만이 아니었다고 한다. 이렇듯 화장실은 우리를 문명인으로 만들어 주었으니, 자연과 사람의 선한 연결고리라 해도 지나친 말이 아닐 것이다.

언 몸을 녹이고 다시 출발할 시간이다. 대청댐으로 내려가는 내리막에 속도가 붙어 차가운 바람이 더 매섭게 느껴진다. 대청교를 건너며 대청댐을 배경으로 인증 사진을 남기고, 물문화관에 있는 인증센터로 향한다.

발 10:30 대청댐 인증센터 → 27.2km/ 1h 45m 착 12:15 합강공원 인증센터

QR 6-3-2 대청댐 인증센터 → 합강공원 인증센터

강 왼편을 따라 달리던 자전거 길은 현도교를 건너며 오른편으로 이어진다. 미호천을 만날 때까지 강을 따라 내려가면 어느덧 합강공원 인증센터에 도착한다. 이곳에서 금강과 미호천이 만나 서로의 물길을 아우르며 함께 흘러간다.

발 12:20 합강공원 인증센터 → 8.1km/ 40m 착 13:00 세종보 인증센터

QR 6-3-3 합강공원 인증센터 → 세종보 인증센터

12:48
햇무리교를 지나 얼마 가지 않아 세종 이응 다리라고 부르는 금강 보행교가

모습을 드러낸다. 한강을 조망하는 '한강뷰'처럼, 금강의 빼어난 경치를 담으려 지은 다리다. 하지만 세종보 수문 개방 후 낮아진 수위가 강바닥을 드러내며 오히려 '강바닥뷰'라는 오명을 안게 되었다. 그래서 사람들이 차라리 화려한 조명이 있는 밤에 가야 한다는 것이다.

　시민들의 세금으로 지어진 만큼 철저한 사전 검토로 그 목적에 맞게 운영되어야 할 터이다. 이 다리와 보가 애초의 목적대로 빛을 발했으면 좋으련만, 오명을 뒤집어쓴 이응 다리의 운명이 조금은 안타깝다. 길을 따라 금남교를 넘어서면 어느덧 세종보 인증센터에 다다른다. 계획 코스

QR 6-3-4
해밀

보다 거리가 단축되어 일찍 도착한 관계로 근처에서 점심을 해결하고 가기로 한다. 자전거 길에서 벗어나 식당을 찾아간다. 식당 벽에 글 쓰인 족자 하나가 기다랗게 걸려 있다. 음식은 재료가 90%이고 기술이 10%란 내용이다. 어제 저녁 짜글이 집 사장이 한 말과 똑같다. 제철 싱싱한 재료로 만든 음식이 최고란 말이다. 주문한 들깨 칼국수가 역시 맛다르다. 한입 떠 넣자, 온기가 입안 가득 퍼진다.

　식사 후 다시 세종보 인증센터로 돌아와서 2층에 있는 갤러리를 둘러보고 휴게소에서 차 한잔하면서 오랜만에 호사를 누린다. 자전거 길에 갤러리가 있다는 것도 신기한데, 작품들을 감상할 기회가 있다는 것도 큰 행운이다 싶다. 매주 전시 작품이 바뀐다는 이곳은 근처 주민들에게도 훌륭한 문화 공간이 되겠다. 갤러리와 붙어 있는 카페에서 난생처음 보는 메뉴를 발견했다. '홍차+생강'의 조합이라니, 의외로 훌륭한 궁합이다. 집에서도 이런 맛이 날지 한번 만들어 봐야겠다.

　문득 허리 가방 벨트가 터지기 직전인 게 떠올라 카페 여주인에게 실과 바늘이 있는지 물어본다. 사연을 들은 주인은 가방을 가져와 보라 하더니, 차 한잔 마시며 잠시 쉬고 있으면 자신이 튼튼하게 수선해 주겠다고 한다. 창밖으로 보

이는 학나래교와 한두리대교가 눈에 들어온다. 세종보에 물이 가득 차던 시절, 한두리대교는 전국적인 야경 촬영 명소였다고 한다.

떠나면서 가방을 건네받으니 어딜 수선했는지조차 알아볼 수 없을 만큼 깔끔하게 기워져 있다. 참으로 고마운 일이다. 다음에 꼭 다시 오게 되길 기원하며 카페를 나선다. 1층에서 한 · 영문으로 된 멋진 라이딩 지도 책자가 있다. 값이 얼마인지 물었더니 그냥 가져가라고 한다. 대한민국, 참 좋은 나라다. 이렇게 고급스러운 책자도 공짜로 주다니.

발 15:00 세종보 인증센터 → 23km/ 1h 50m 착 16:50 공주보 인증센터

QR 6-3-5 세종보 인증센터 → 공주보 인증센터

QR 6-3-6
학나래교

출발하면 바로 학나래교를 만난다. 학이 날아오르는 날갯짓을 희망으로 형상화한 교량 모습에서 따온 순우리말 이름이다. 이 다리는 상하로 2층 구조인데, 2층은 자동차, 1층은 자전거와 보행자 전용이다. 다리의 특이한 모습을 사진으로 남기며 건너간다.

다리를 건너 강 왼편을 달리던 자전거는 불티교를 건너면 이번에는 오른쪽을 타고 간다.

16:00

한 시간가량 달려 공주 석장리 구석기 유적지 표지판을 지나면서 목을 축이고 잠시 숨을 돌린다.

16:32

금강교를 건너 공산성이 보이는 지점에 다다른다. 마치 세월을 거슬러 올라가듯 깔끔하게 보수된 성곽은 백제 시대의 흔적을 고스란히 품고 있다. 이 성은 본래 웅진성이었으나, 고려 이후 공산성으로 불리다가 인조가 이괄의 난을 피해 머물며 쌍수산성으로도 불렸다. 이젠 '공주 공산성'이라는 이름으로 굳어졌지만, 그 안엔 백제의 유구한 시간이 깃들어 있다.

QR 6-3-7
공산성

경주가 신라로 생기를 얻듯, 공주는 백제와 무령왕의 기운으로 살아 숨 쉰다. 공주보 인증센터는 공산성에서 불과 20분 남짓 거리다.

발 17:00 공주보 인증센터   → 1.7㎞/ 15m   착 17:15 크리스탈 모텔

QR 6-3-8 공주보 인증센터 → 크리스탈 모텔

인증센터에서 숙소로 가는 길에 파크골프장이 있다. 맥주병처럼 생긴 독특한 물체가 눈에 띈다. 게이트볼처럼 치고 있어 잠시 내려 어떤 운동인지 물어본다. '우드 볼'이라는 생소한 스포츠로, 볼과 '말렛'이라 부르는 채가 모두 나무로 되어 있다. 대만에서 시작되어 시합이 국제적으로 열리고 있다는데, 울산에는 아직 소개되지 않은 듯하다.

QR 6-3-9
이색 스포츠 우드 볼

QR 6-3-10
공주한옥마을

저녁은 바로 옆에 있는 영춘관에서 두루치기로 해결한 후 다음 날 아침 식사할 곳을 확인해 보니 인근에는 없다. 컵라면으로 해결하기로 하고 편의점이 있는 길 건너 공주한옥마을로 간다. 제법 큰 규모에 숙박객 차량이 가득하다. 한옥이라 나무를 때는지 장작도 한가득 쌓여 있다. 공주의 모든 곳엔 백제의 숨결이 함께 하고 있다.

일흔의 한 마디

"온고지신(溫故知新)."

우드 볼

백마강에서 금강을 찾다
: 부여

4

아침 6시, 마지막 날의 홀가분한 마음이 일찍 잠을 깨운다. 전날 저녁에 사둔 컵 우동으로 간단히 아침을 챙긴다. 매서운 바람이 옷깃을 파고드는 아침이다. 온도가 영하 3도를 가리킨다. 청량한 공기를 한껏 들이마셔 본다.

2023 03/05 (일)	3일 차 91.7km	발 6:55 공주 크리스탈 모텔	→25.2km/ 1h 35m	착 8:30 백제보 인증센터

QR 6-4-1 크리스탈 모텔 → 백제보 인증센터

강 왼편으로 백제보를 향해 달린다. 반 시간쯤이나 갔을까, 앞서가던 K가 멈춰 서더니 차가운 아침 냉기로 손이 얼어 감각이 없다고 한다. 손을 녹이고 장갑 하나를 더 낀다. 장갑 두 개를 낀 나도 마찬가지라 가져간 손난로도 동원하고 손을 사타구니에 넣고 비벼서 열도 내어 본다. 아직 아침 라이딩에는 두꺼운 장갑이 필수인데 미처 거기까지는 생각이 미치지 못했다. 매서운 아침 바람을 이겨내고 백제보 인증센터에 들어선다.

인증센터 관리하는 분이 와서 스탬프 점검을 하고 간다. 여기는 제대로 관리가 되는 것 같다. 전날 백로공원 인증센터에서 황당한 일을 겪었다. 목 도장은 줄에 매달려 있는데 잉크가 있어야 할 자리에 스탬프잉크가 없었다. 전국을 라이딩하면서도 처음 보는 광경이었다. 나는 사이버 인증으로 해결은 했지만, K는 수첩에만 찍다 보니 이빨 빠진 치아처럼 한 곳이 휑하니 비었다.

라이더들에게는 전국 자전거 라이딩 코스를 따라 돌면서 인증 스탬프를 남기는 게 또 하나의 즐거움이다. 이 즐거움을 빼앗아 가서야 하겠는가. 물론 수첩에 직접 스탬핑할 수 없으면 사이버 인증도 되지만 그 맛이 다르다. 인증 방법은 두 가지다. 하나는 국토종주 수첩에 스탬프를 직접 찍는 방법이고, 다른 하나는 행안부에서 만든 '자전거 행복 나눔' 앱을 이용, 사이버 인증을 받는 방법이다. 사이버 인증 QR코드는 각 인증센터 부스에 부착되어 있다.

앱을 켜서 '사이버 인증'을 선택하면 QR코드 인증 화면이 나오고 QR코드를 화면의 사각 안에 위치시키면 자동으로 촬영되면서 인증된다. 요즘은 더 발전해서 앱을 켜고 부스 근처에 접근만 해도 사이버 인증이 된다. 제대로 인증이 되었는지 여부는 '나의 인증 기록'으로 들어가서 확인하면 된다. 스탬프 도장도 두 가지가 있는데, 하나는 나무 도장을 잉크에 찍어 스탬핑하는 방법이고, 다른 하나는 잉크가 내장된 스탬프 도장이 있어 별도 잉크가 필요 없다.

발) 08:45 백제보 인증센터　　→ 41.4km / 3h 5m　　착) 11:50 익산 성당포구 인증센터

QR 6-4-2 백제보 인증센터 → 익산 성당포구 인증센터

중세 유럽 로코코 시대의 여성 모자를 닮은 날렵한 모습의 백제보를 뒤로하

고 달린다. 백마강교를 건너면 강 오른편을 타고 간다. 나루터를 지나면 강 건너에 백제 멸망의 슬픈 역사가 서린 낙화암과 고란사가 있다. 계속 내려가 백제교를 건넌다.

(착) 09:19 백제교

백제교 위에서 강을 바라본다. 근처에 낙화암도 있으니 이 다리 밑을 흐르는 강은 분명 백마강이어야 한다. 그런데, 지금 우리는 금강을 타고 내려가고 있지 않은가. 그럼, 도대체 백마강은 어디 있단 말인가. 갑자기 궁금해져 지나가는 행인에게 물었더니 이 다리 밑에 흐르는 게 백마강 맞다고 한다. 의문이 해소가 안 되어 인터넷에서 답을 찾아본다.

금강은 상류 지역인 금산군에서는 '적벽강', 옥천군 일대에서는 '적등진강', '차탄강', '화인진강', '말흘탄강', '형각진강'이라 불렀으며 공주시 일대에서는 '웅진강', 부여군 지역에서는 '백마강(白馬江)', 하류 서천군, 군산시에서는 '진강' 또는 '고성진강'이라 불렀다는 기록이 『동국여지승람』 등에 전한다. 이 밖의 역사 기록에서 '웅천하', '사비수' 등의 명칭을 찾아볼 수 있다. 이 가운데 '백마강'은 오늘날까지도 금강 중하류 일대를 부르는 이름으로 널리 쓰이고 있다. 이름에 대해서는 민간 설화가 있는데, 당나라 장수 소정방이 의자왕을 상징하는 용을 낚으려고 백마를 낚시의 밑밥으로 썼다는 내용이다. 다시 말하면, 백마강은 금강의 부여 지역을 칭하는 다른 이름으로 부여군 정동리 앞 범바위에서부터 부여군 현북리 파진산 모퉁이까지의 약 16㎞ 구간을 백마강이라 부른다.

백제교를 건너면 다시 강 왼편을 타고 내려간다. 끝없이 펼쳐져 있는 백마강 억새 군락지를 한동안 달린다. 마치 은빛 물결 속을 헤엄치는 듯한 기분이다. 억새들이 바람에 몸을 흔들며 반짝이는 모습은 잔잔한 강물 위에 빛나는 윤슬 같다. 바람이 불 때마다 억새들은 일제히 몸을 흔들며 우리를 반갑게 맞아준다. 이 순간 억새와 강, 그리고 나, 모두가 하나가 된다.

⧆ 10:34 정자에서 휴식

2012년 완공된 방둑 자전거 길이 유지 관리가 잘되어 10년이 넘은 지금도 깨끗하다. 중간중간에 화장실도 잘 비치되어 있다.

⧆ 10:54 강경포구

젓갈로 유명한 강경을 지나간다. 저 멀리 황산대교가 보인다. 다리 건너에는 유채꽃 단지와 읍 단위에서는 보기 드물게 야구장, 축구장 등 많은 체육시설이 갖춰져 있다.

⧆ 11:34 갈대 수피아

익산으로 넘어간다. 여기도 자전거 길이 잘 조성되어 있다. 길 오른쪽 강변은 '갈대 수피아'라고 불리는 갈대밭이 끝없이 펼쳐져 있다. 길 양쪽에는 형형색색의 바람개비가 나란히 줄지어 서서 손을 흔들며 반긴다.

영상QR 6-4-2
갈대 수피아 길

성당 포구가 가까워진다. 멀리서 보니 성당 비슷한 건물이 보이는 것 같다. 나무다리를 건너 인증 센터에 도착하니 종소리가 들린다. 동네 사람에게 성당 위치를 물어본다. 그런데, 성당은 없단다. 그럼, 성당이 언제 없어졌는지 또 물어본다. "아, 그게 아니고 원래 성당이 없다."라고 대답한다. '성당 포구'의 '성당'은 이 동네 지명인 '성당리'란다. 지금까지 지도를 보면서 이 동네에 오래된 역사를 간직한 성당이 있을 거라고 찰떡같이 믿었는데…. 허탈 그 자체다. 사전에 세세하게 공부하지 않은 탓이란 교훈을 또 얻는다.

QR 6-4-3 익산 성당포구 인증센터 → 금강 하굿둑 철새조망대 인증센터

성당 삼거리에 있는 '소망 슈퍼 식당'에서 식사하고 가기로 한다. 식당 앞 성당포구마을 표지판이 서 있는데, 맨 위의 '성' 자가 달아나고 없어 '당포구 마을'이 되어 있다. 마을의 옛 정취와 차라리 어울려 더 정겹다.

QR 6-4-4
소망슈퍼식당

착 12:04 식당

없는 것 빼고 다 있는 식당 겸 슈퍼 '소망 슈퍼 식당'. 칼국수가 맛있다. 옆 테이블에 회무침이 놓여 있기에 무슨 생선인지 물어보니 '우어'(또는 웅어)란다. 전라도 쪽에서부터 올라오는 생선으로 봄에만 맛볼 수 있다고 한다. 작은 시골 식당이지만, 최고급 커피 머신까지 갖춘 이곳은 여행객들에게는 참 매력적이다. 원두를 갈아 내리는 신선한 커피 한 잔이, 식사 후 입가에 잔잔한 여운을 남긴다.

발 12:55 식당 발

12:59 갑작스런 업힐

식사를 마치고 출발한 지 얼마 지나지 않아 예상치 못한 가파른 오르막이 앞을 가로막는다. 길은 좁고 경사가 심해 모두 자전거를 끌고 올라간다.

(착) 14:00 금강 철새조망대

이제 군산으로 넘어왔다. 풍광이 그저 그만이다. 나무 덱으로 이어진 길은 잔잔한 호수와 나란히 손잡고 흐른다. 거울같이 잔잔한 잿빛 호수는 하늘을 닮아 고요히 숨을 고르고, 저 멀리 먼 산의 실루엣과 함께 시간의 경계를 흐리게 한다. 끝없이 이어질 것만 같은 평화가 마음 깊은 곳에 자리 잡는다.

(착) 15:00 금강 하굿둑 인증센터

또 한참을 더 달려 금강 하굿둑 인증센터에 드디어 도착한다. 하굿둑까지는 1km가량 더 내려가야 한다.

금강 하굿둑

(착) 15:20 금강 하굿둑

하굿둑을 한참 동안 바라본다. 이 길 위에서 떠오른 많은 생각들을 마음속으로 조용히 정리해 본다. 이제 식사하고 집으로 돌아가야 할 시간이다. 금강호휴게소에 있는 '금강우렁 쌈밥' 식당의 별미인 우렁 쌈밥 정식을 단돈 만 원에 맛볼 수 있다. 우렁이가 배합된 우렁 된장을 먹다 보니 요리 좋아하는 아내 얼굴이 떠올라 우렁이와 같이 사 간다.

QR 6-4-5
금강우렁쌈밥

(착) 21:10 울산

드디어 울산에 도착했다. 오천길과 금강길 모두 자연의 숨결을 가까이에서 느낄 수 있었던 여정이었다. 한 걸음 한 걸음 다가가며 만난 풍경들은 어느 한 순간도 지루할 틈 없이 내게 이야기를 건네주었다. 이 길을 아직 가보지 못한 이들에게 꼭 추천하고 싶다.

오랜 기다림 끝에 마침내 완주한 오천·금강길. 이제 4대 강 중 남은 여정은 안동댐길이다. 안개에 싸인 안동댐의 아련한 모습을 떠올리며, 4대 강 마지막 여정을 다시 준비한다.

일흔의 한 마디

"백문이 불여일견."

갈대수피아

작은 친절이 큰 기쁨을 : 안동

2023
05/04 (목) | 1일차
107km | 발 13:15 안동터미널 → 107㎞/8h 15m(안동댐 인증센터 경유) | 착 21:30 상풍교한옥게스트하우스

　3월의 찬바람 맞으며 오천과 금강자전거길을 달렸던 기억이 아직도 생생하다. 이제 안동댐에서 상주 상풍교까지 달려 4대강종주의 마지막을 장식하려 한다.

　첫째 날은 안동까지 버스로 가서, 안동 터미널 ~ 안동댐 ~ 안동법흥사지칠층전탑 ~ 하회 마을 ~ 상풍교 게스트하우스까지, 둘째 날은 상풍교 게스트하우스 ~ 상풍교 인증센터 ~ 경천대 ~ 상주자전거박물관 ~ 상주 종합버스 터미널 코스를 달린 후 버스로 울산 복귀하기로 계획을 세웠다.

　그러나 예기치 못한 상황이 닥쳐와 계획에 변동이 생기고, 늦은 밤까지 페달을 밟고 더 먼 거리를 달려야 했다. 살아보면 계획대로 되지 않는 일이 참 많다. 어쩌면 이들을 풀어나가는 것이 여행의 진정한 묘미일 것이다.

　울산~안동 및 상주~울산 버스 모두 오전, 오후 각 한편씩 하루에 두 번밖에 없어 버스 시간에 일정 계획을 맞춰야 했다. 상주보 가까운 곳의 상풍교 한옥 게스트하우스가 인터넷상 후기가 좋아 예약했다. 자전거 여행객이 자주 찾는 이곳은 저녁과 아침 식사를 제공하는데, "밥이 쬐금 맛있다고 소문난 집"이라는 광고 문구가 왠지 정겹다.

QR 6-5-1 상풍교
한옥게스트하우스

늘 함께하는 라이딩 파트너 K와 안동행 버스 앞에 선다. 우리의 루틴대로, 출발 전 사진 한 장으로 안전과 무사 완주를 기원하며 다시 길을 떠난다.

(착) **12:40 안동터미널**
생각보다 30분 늦게 도착한다. 숙소의 저녁 마감 시간이 신경 쓰여 서둘러 터미널 안 식당에서 점심을 해결한다.

(발) 13:15 안동터미널　　→ 12㎞/45m　　(착) 14:00 안동댐 인증센터

(좌)QR 6-5-2 안동터미널 → 안동댐 인증센터 / (우)영상QR 6-5-2 안동댐 가는 길

하이마로를 타고 가던 자전거 길은 10여 분 후 강변 둔치로 들어간다. 여기도 자전거 길이 잘 정비되어 있다. 안동댐 소수력 발전소를 지나면 얼마 지나지 않아 인증센터에 닿는다.

인증센터에는 국토종주 수첩에 도장을 찍을 수 있는 스탬프와 '자전거 행복 나눔' 앱으로 사이버 인증을 받는 QR코드가 함께 비치되어 있다. 이번 여행에는 수첩을 잊고 가져오지 않았기에 QR코드를 찾는데 어디에도 보이지 않는다. 이런 경우는 처음이다. 아마 문짝에 코드가 붙어 있었던 모양인데 자세히 보니 문짝이 떨어져 나가고 없다. 사진을 찍어서 수첩과 함께 가까운 유인 인증센터에 가면 인증을 받을 수 있다며 안동물문화관 담당자가 친절하게 인증 사진까지 찍어 준다. 사진 속 나의 모습은 로마 시대 투구를 쓴 듯하다. 헬멧 위에 걸린 새 모양 장식품은, 내 뒤에 원래 서 있는 것인데 우연히 내 헬멧 위에 얹힌

것처럼 보인 것이다. 덕분에 인생 사진 하나 건지게 되었다.

인증센터 옆에는 낙동강종주 자전거 길 기점 표지석이 있고, 안동댐은 인증센터에서 1.4㎞ 정도 더 올라가서 있다.

안동댐 인증센터 앞에서 얻은 투구

발 14:20 안동댐 인증센터 → 1.8㎞/ 5m 착 14:25 안동법흥사지칠층전탑

QR 6-5-3 안동댐 인증센터 → 안동법흥사지칠층전탑

설명문에 따르면, 이 탑은 8세기경 통일신라 시대에 창건된 법흥사에 있던 탑으로 추정되며 국내에서 가장 크고 오래된 전탑이다. 전탑이란 흙으로 만든 벽돌로 쌓아 올린 탑을 말하는데, 법흥사는 18세기 초반 이후 문을 닫았고 이 탑만 남게 되었다. 세월의 먼지를 품은 채 홀로 남아 있는 이 탑은 지나온 시간만큼이나 장엄하다.

기단의 윗면에 시멘트를 발라 원래의 모습이 훼손된 상태가 눈에 거슬린다. 그 당시 일본이 우리 문화재 관리에 대한 관심과 기술이 높았음에도 이런 우를 범했는지 실상을 눈으로 보면서도 믿을 수가 없다.

발 14:30 안동법흥사지칠층전탑　　　→ 11.2km / 1h　　　착 15:30 배고개 길

QR 6-5-4 안동법흥사지칠층전탑 → 경북 안동시 옥동 1381-15 → 경북 안동시 배고개길

숙소의 저녁 식사 마감 시간이 자꾸 걸린다. 안동하회마을을 들렀다 가기로 한 일정을 변경하여 숙소로 바로 가기로 한다. 강 오른편을 따라 계속 내려가다 옥수교를 건넌다. 길은 안동시 매립장 쪽으로 이어지는데 검암리로 넘어가는 배고개길 오르막이 시작된다. 경사 7~14%에다 길이까지 긴, 만만찮은 고개를 힘들여 오른다. 예상보다 시간이 오래 걸린다. 숨이 목 끝까지 차오르는 긴 고갯길이 체력을 시험한다.

발 15:30 배고개 길　　　→ 12.7km / 50m　　　착 16:20 하회마을 전 7.5km지점 휴게 정자

QR 6-5-5 경북 안동시 배고개길 → 경북 안동시 풍산읍 하리리 852-28 (휴게 정자)

배고개길 마루에서부터 50여 분 쉼 없이 달려오니, 작은 정자가 나타난다. 마침, 흥미로운 광경이 눈에 띄어 잠시 쉬어 간다. 어른 세 명이 봉고차에서 대형 연을 꺼내 하늘 높이 날리고 있다. 상어, 오징어, 가오리 모양의 연들이 푸

른 하늘로 날아오르며 유년 시절의 기억을 떠올리게 한다. 한 장에 만 팔천 원이라는 거대한 연은, 크기에 비해서는 그렇게 비싸 보이진 않는다. 어른들이 자연 속에서 낡은 기억을 펼쳐 보며 연을 날리는 모습은, 추억을 불러내기 충분한 따뜻한 장면이다.

영상QR 6-5-4 대형
가오리연 날리는 중

그들 중 한 분은 나이가 우리와 비슷해 보이는데, 젊은 시절 긴 세월을 객지에서 떠돌다 이제 연로한 어머니를 모시기 위해 고향으로 돌아왔다고 한다. 그는 연이 매일 조금씩 더 하늘로 높이 올라가며 새로운 자유를 누리듯, 고향에서 어머니와 삶을 자유롭게 즐기고 있다. 큰 연이라 연줄을 감는 얼레도 흔히 보는 작은 것이 아니라, 전기 케이블 릴을 사용하고 있다. 특별한 이 풍경 속에서 문득 어린 시절이 떠오른다.

어릴 적, 아버지와 함께 만들던 방패연과 가오리연이 아련히 그려진다. 방패연은 균형이 잘 맞아야만 높이 날 수 있는데, 그렇지 않으면 하늘에서 빙글빙글 돌다가 떨어져 버린다. 그때마다 두 귀에 연결해 놓은 실을 조정하며 균형을 잡던 기억이 새롭다. 날아오르던 연이 점점 멀어져 점처럼 보이고, 얼레의 실이 다 풀릴 때까지 높아지면 어깨가 절로 올라갔다.

가끔 연줄을 서로 얽어서 '연실 끊어먹기 시합'도 했다. 상대의 줄을 먼저 끊어 연을 떨어뜨리는 놀이다. 줄이 끊어지면 연은 바람에 실려 저 멀리 날아갔고, 떨어지는 연을 쫓아 동네 구석구석을 헤매곤 했다. 가끔은 전깃줄에 걸리거나 물에 빠져 못 찾기도 했고, 남의 집 지붕 위로 올라가기도 했다.

연실에는, 유리를 잘게 빻아 풀과 섞은 유리가루로 코팅을 하는데 잘못하면 손을 다치기도 했다. 어머니의 걱정스러운 말씀도 최고의 연실을 만들기 위한 우리의 도전을 멈추게 하지 못했다. 하늘을 향해 쏟아냈던 설렘이 다시 떠오르며 나를 새삼 미소 짓게 한다.

발 16:30 휴게 정자 →13km/50m 착 17:20 허리 가방 분실 인지 정자

QR 6-5-6 경북 안동시 풍산읍 하리리 852-28 (휴게 정자) → 경북 안동시 풍천면 기산리 795-5 (가방 분실 인지 정자)

떠나기 전, 연을 날리던 분들이 생수 두 병을 챙겨 주시며 다시 힘을 내라는 따뜻한 마음을 건네신다. 감사 인사를 전하며 길을 나선다.

그런데… 얼마 후 이분들을 다시 만나게 될 줄이야.

이 정자에서 쉬다가 허리 가방 분실을 알았다

약 50분을 달린 후 한 정자에 멈춰 휴식을 취한다. 보조 배터리를 꺼내려고 허리 가방에 손을 뻗는 순간, 뭔가 허전함을 느낀다. 가방은 만져지지 않고 손은 허공을 더듬고 있다. 머리가 아득해진다. 가방 속에는 배터리뿐만 아니라, 충전기와 카드, 현금, 주민등록증 같은 중요한 물건들이 다 들어 있다. 아까 연을 날리던 정자에서 간식을 나누어 먹고 출발하면서 깜빡 잊고 두고 온 것이다. 저녁 시간 맞추려고 코스까지 바꾸었는데 이제 다 틀렸다 싶다. 근데, 지금 저녁 걱정할 때가 아니다. 허리 가방을 빨리 찾아야 한다.

발 17:20 허리 가방 분실 인지 정자 →13km/50m 착 18:10 휴게 정자

QR 6-5-7 경북 안동시 풍천면 기산리 795-5 (가방 분실 인지 정자) → 경북 안동시 풍산읍 하리리 852-28 (휴게 정자)

다시 출발한 곳으로 50분을 되돌아가야 한다. 혹시 그분들이 보관하고 있을지, 아니면 메모라도 남겨 두었을지 머릿속엔 온갖 생각이 떠다닌다. 결국 그저 빨리 돌아가는 것만이 답이라는 생각에 페달을 힘껏 밟고 달린다. 가는 내내 다리는 열심히 움직이고 있는데 머리는 계속 복잡한 생각으로 가득하다.

정자에 다다르자, 어둠 속에 사람들의 실루엣이 보인다. 아직 그곳에 계신다니 다행이다. 우리가 떠난 뒤, 가방을 발견하고 돌아올지 몰라 기다렸다고 한다. 기다려도 오지 않자, 일행 중 한 분이 우리를 찾으러 차를 몰고 하회마을로 갔다고 한다. 남의 일을 이토록 챙겨 주려 애쓰는 마음이 감동적이다. 연락처를 주고받으며 감사의 마음을 전하고, 다시 만날 기약을 한다.

따뜻한 마음은 세상을 더 단단히 묶어 주는 힘이 되는 것 같다. 세상이 험하고 어렵다 해도, 이런 온정이 있기에 우리는 살아갈 힘을 얻는 것일지도 모르겠다. 숙소에 전화로 사정을 전하자, 늦어도 괜찮으니 밤길 조심하라며, 도착 후 간단한 식사라도 준비해 주겠다고 한다. 오늘은 내내 사람들의 따뜻함에 감동받은 하루였다.

> **일흔의 한 마디**
>
> "가장 작은 친절이 가장 큰 의도보다 더 큰 가치가 있다."
> - 오스카 와일드

상풍교 옆 특별한 게스트하우스 : 상주

6

2023
05/04 (목) │ 발 18:30 휴게 정자 → 43.3㎞ / 3h 착 21:30 상풍교한옥게스트하우스

QR 6-6-1 경북 안동시 풍산읍 하리리 852-28 (휴게 정자) → 경북 예천군 풍양면 하풍리 520-2 → 상풍교한옥게스트하우스

휴게 정자에 두고 온 허리 가방 을 찾기 위해 되돌아가는 통에 2시간을 허비하고 다시 숙소를 향해 출발한다. 밤길이라 예상보다 더 늦어지겠지만 게스트하우스의 꿀맛 같을 저녁을 생각하며 밤 9시 도착을 목표로 열심히 달려간다.

21:20

벌써 밤 9시가 넘었다. 어둠이 짙어지니 속도가 마음처럼 나지 않는다. 그래도 이제 얼마 남지 않았기에 페달에 힘을 더 실어본다.

영상QR 6-6-1 게스트하우스
가는 야간 라이딩

21:30

드디어 게스트하우스 불빛이 아련히 모습을 드러낸다. 나의 실수로 계획이 틀어졌지만, 숙소에 온전히 다다랐다는 안도감에 온몸이 풀린다. 반갑게 뛰어 나온 여주인은 마치 오랜 친구를 대하듯 반갑게 맞으며, 자전거 핸들을 받아 들고는 보관소로 가져간다. 얼떨결에 자전거가 '발레파킹' 받는 호강을 한다.

플라스틱 바구니를 주며 충전이 필요한 걸 모두 꺼내서 담으라 한다. 신발도 벗어놓고 슬리퍼로 갈아 신은 다음 샤워장으로 인도된다. 배가 고파 밥을 먼저 먹으면 어떠냐고 물으니, 샤워 끝나면 바로 식사를 할 수 있으니 빨리 샤워부터 하라고 한다. 뜨거운 물줄기가 온몸의 피로를 씻어 내리고, 근육을 다독이니 달콤한 위로가 따로 없다.

게스트하우스 주인장과 함께

옷은 몽땅 벗어 물통에 던져놓고, 샤워 후 비치된 찜질방 옷 같은 것을 입고 나간다. 빨래도 걱정 없다. 식사하는 동안 다 해서 방에 널려있을 거라고 한다. 모든 게 잘 정착된 이 집만의 시스템에 따라 자연스럽게 돌아간다.

식탁 위에 차려진 정갈한 반찬들과, 시원한 콩나물국의 담백함. 거기에 반주까지 더해지니 이보다 더 바랄 것이 없다. 옆 테이블에는 싱가포르에서 온 자전거 여행자 커플이 다정하게 식사를 나누고 있다. 주인장의 유쾌한 말솜씨 덕에 웃음이 끊이지 않고, 사진도 몇 장 남긴다.

이야기를 들어보니, 주인장은 오랫동안 자전거를 탄 자전거 마니아였다. 이 게스트하우스도 장거리 라이더로 돌아다니며 숙박과 식사의 어려움을 몸소 느낀 끝에, 본인이 직접 해결해 보기로 작정한 결과였다. 울산 동구에서 오랫동안 살았던 분이라 우리와도 인연이 닿는다. 울산에서 왔다고 하니 친정 사람이라며 더 반가워한다.

짧지만 든든한 식사를 마치고 방으로 안내받는다. 방문을 열어 보고 깜짝 놀란다. 걸려있는 빨래를 만져보니 탈수되어 벌써 거의 다 말라 있다. 내일 아침엔 뽀송뽀송한 옷을 입을 수 있겠다. 이 집은 휴지통조차 급이 높아, 옷과 함께 벽의 옷걸이에 걸려 있다. 휴지통까지 대접받는 곳이니, 여기 오는 손님들이야 말할 게 없지 않겠는가. 고객에 대한 세심한 정성은 단순한 숙박 장소를 넘어선 느낌을 준다.

K가 가방에서 부스럭부스럭 뭘 꺼내 놓는다. 내 최애 간식인 땅콩강정이다. 그것도 언양 장날에 사 온 귀한 몸이다. 금방 식사해서 배도 부르니 조금만 먹고 내일 먹자며 감질나게 몇 개만 준다. 입은 봤다, 목은 못 봤다 난리가 났다. 그가 화장실 간 사이 감쪽같이 몇 개를 더 꺼내 먹었지만 성에 차지 않는다. 돌아가면 언양 장날에 한 봉지 사 와서 물리도록 먹어야겠다.

화장실과 방에는 지켜야 할 수칙들이 여러 곳에 붙어 있다. 자리에 누워 오늘 찍은 사진들을 보다가 '자전거 행복 나눔' 앱을 다시 열어 본다. 이게 웬걸, 안된 줄 알았던 안동댐 인증이 되어 있는 게 아닌가. 설명을 자세히 읽어보니, 인증센터에 반경 40m 이내로 접근하면 QR코드를 찍지 않아도 자동으로 인증된다는 내용이 적혀 있다.

2023	2일 차
05/05 (금)	25.8km

아침에 일어나 보니 비가 온다. 비 오는 날은 8시에 아침 먹는다고 한 어젯밤 주인장의 말이 생각나, 고픈 배를 달래며 기다린다. 이윽고 식사 호출이 오고, 정성스럽게 준비된 김밥과 미역국이 우리를 맞는다. 시장이 반찬인지, 주인장 손맛인지 모두 맛있다.

자전거 차고로 내려가 보니, 밤새 편히 쉬었는지 자전거도 뒷모습이 생기가 있어 보인다. 비에 젖어 더욱 푸르게 빛나는 마당의 잔디와 꽃들이 싱그럽게 춤

싱가포르 팀과 함께

추는 아침이다. 출발에 앞서 여주인과 싱가포르팀과 함께 기념사진을 남긴다.

그들은 서울에서 출발해서 일주일 일정으로 부산까지 자전거 여행을 하고 있다. 저 무거운 짐을 싣고 비까지 맞아가며 한국의 국토를 종주하고 있다니, 참으로 대견하다. 청춘의 특권을 마음껏 누리고 있는 모습이 부럽기만 하다.

발 09:15 상풍교한옥게스트하우스 → 25.8㎞/3h 9m 착 12:24 상주 종합버스 터미널

(좌)QR 6-6-2 상풍교한옥게스트하우스 → 상주상풍교 인증센터 → 경천섬공원 → 경북 상주시 도남동 산 2-1 → 경북 상주시 무양동 1-195
→ 상주종합버스터미널 / (우)영상QR 6-6-2 상주종합버스터미널 가는 길

숙소에서 상풍교 인증센터는 불과 2분 거리다. 지난 국토종주 때 인증을 마친 곳이지만, 여기까지 온 김에 다시 들러본다. 그 당시 한여름 갈증이 극에 달한 순간 나타났던 냉수 무인 판매대를 보니 여전히 반갑다. 잘 정돈된 '아라서 양심판매대'는 그때의 고마움을 다시 떠올리게 한다. 무인 판매대 주인장이시여, 부디 복 많이 받으소서!

오늘 하루는 종일 비 예보라, 미리 비옷을 챙겨 입는다. 인증센터를 나와 강을 따라 앞으로 달려 나간다.

09:23

비가 추적추적 계속 내려 핸드폰을 비닐 속에 넣었다 꺼내기를 반복한다. 비가 잠깐 그친 틈을 타서 촬영해야 하다 보니 사진을 얼마 찍지 못한다. 비가 내릴 때 핸드폰을 비닐 속에 넣은 채 찍어 보았지만, 화질이 너무 떨어져 쓸 수가 없다. 우중에도 핸드폰으로 촬영할 수 있는 방법을 마련해 봐야겠다.

㉠ 10:15 상주자전거박물관

숙소를 떠나 강을 따라 40여 분 달리면, 강에 걸린 경천교가 왼편에 보이고 오른편에 상주자전거박물관이 눈에 들어온다. 경천교를 건너 경천섬 공원을 먼저 들른다. 비는 줄기차게 계속 내려, 비도 피할 겸 박물관으로 들어가 숨을 돌리며 자전거에 대한 이모저모를 살펴본다. 상주는 우리나라 최초로 자전거가 도입된 곳이라 하니, 이곳이 자전거 천국이 된 이유를 알 것 같다.

QR 6-6-3
상주자전거박물관

"자전거의 역사와 자전거의 모든 것을 볼 수 있는 상주자전거박물관"

전국 최초의 자전거 박물관으로 2002년에 개관했다가, 2010년 현재의 위치로 확장 이전했다고 한다. 온갖 종류의 자전거가 다 모여 있다. 5단짜리 자전거도 있고, 현대 창업주 정주영 회장이 젊은 시절 쌀가게를 할 때 쌀가마를 실어 나르던 종류의 짐 자전거도 보인다.

한참을 돌아다니다 보니 각양각색의 나무 자전거들이 모여 있는데, 핸들과 브레이크가 없는 것도 있다. 알고 보니, 자전거의 원형인 '셀레리페르'다. 프랑스 시브락이 만들었는데 '빨리 달릴 수 있는 기계'라는 뜻을 지닌 이름이다. 나무 바퀴 두 개를 목재로 연결하고 그 위에 사람이 올라타 두 발로 땅을 차고 앞으로 나가는 방식으로, 어릴 때 타던 목마를 떠

세계 최초 자전거 페레리페르

올리게 한다.

흥미로운 점은, 얼마 되지 않는 입장료를 할인해 주는 대상이다. 전국에 도시 이름이 '주'로 끝나는 도시, 예를 들어 경주, 여주, 파주, 나주 등의 시민이 그 대상이다. 이들을 '동주 시민'이라 하며, 같은 '주' 자를 가진 데 대해 동료애를 느껴 혜택을 주는 모양이다.

10:35

자전거 박물관을 떠나 터미널로 향한다. 터미널에 가까워지자, 남대문 같은 큰 대문이 길에 세워져 있다. 최근에 세워진 우리나라에서 제일 크고 웅장한 '경상제일문'이다. 그 규모에 압도되어 잠깐 비 그친 틈을 타서 사진을 남긴다. 가다가 어느 건널목 옆 정자에서 잠깐 쉬어 간다. K가 남은 땅콩강정을 다시 꺼내놓는다. 배도 고픈 데다가 맛까지 있으니, 손이 멈출 줄 모른다.

(착) 12:24 상주터미널

터미널에 도착해서 실제 라이딩 거리를 보니 132.8㎞다. 옷과 신발 모두 젖어 있다. 자전거를 묶어 두고 목욕탕부터 찾아 나선다. 터미널에서 800m 정도 내려오니 '삼백사우나'가 있다.

QR 6-6-4
삼백사우나

목욕하고 새 옷으로 갈아입은 것도 신의 한 수다. 밖으로 나오니 비도 멎고 기분은 날아갈 것 같다. 사우나 건물 1층의 전주콩나물국밥집에서 차돌박이 콩나물국밥을 처음 맛보는데 바닥 긁는 소리를 낼 정도로 맛있다.

15:18

터미널로 돌아와 자전거 앞바퀴를 분리해 묶어 놓고 기다린다. 오래 기다려도 차가 오지 않는다. 사람들의 불평도 올라간다. 하지만 괜찮다. 버스는 언젠가 올 것이고, 타기만 하면 우리를 집으로 데려다 줄 테니까.

15:50

연착한 버스는 도착하자마자 바로 출발한다.

이번 여행도 우여곡절이 있었지만, 재미있는 추억을 안고 안전하게 잘 마쳤다. 다음은 이미 5월 하순으로 예정한 제주도다. 제주도는 갈 때마다 내겐 좋은 인상을 주었는데 자전거 여행은 또 어떤 특별한 추억을 안겨 줄지 벌써 가슴이 두근거린다.

일흔의 한 마디

"필요는 창조의 어머니"

박물관 전시 하이 휠 자전거

더큰
도전에 나서다

: 제주도종주

7장

오션비스타제주호를 타고 : 제주

이제 자전거 국토완주가 어깨까지 올라온 느낌이다. 제주 라이딩을 마치면 남는 것은 북한강자전거길 하나다. 그동안 다녀온 길들을 지도상에 표시해 놓은 것을 바라보면 스스로 대견하다.

처음 먼 거리를 타고 돌아올 때 안장통으로 고통받고는 자전거 타면 안 되겠다고 생각했었다. 그게 엊그제 같은데 벌써 대부분의 길을 종주하고 이제 제주도가 눈앞에 있다.

'긴 계단을 오를 때는 목표만 머리에 담고, 발밑에 놓인 계단 하나하나에만 집중하라'는 말이 있다. 그렇게 한 걸음씩 딛다 보니 어느새 계단 끝에 다가가 있다.

국토종주나 완주를 목표로 하는 라이더들이 인증센터에서 스탬핑을 위해 준비하는 것이 코스별 인증센터 소개와 센터 간 거리가 나와 있는 '국토종주 자전거길 여행' 패스포트다.

이 수첩에 '국토종주 자전거길 종주 인증'에 대한 소개가 나와 있다. 이 모든 구간을 종주하면 라이더들이 꿈꾸는 대망의 그랜드슬램(Grand Slam)을 달성하게 된다. 우리도 이 그랜드슬램에 거의 다가가고 있다. 남은 두 코스도 조만간 완료하면 연내에 그랜드슬램을 달성할 수 있을 것이다.

조금 욕심을 내는 듯도 하지만 제주 환상 구간을 타러 가는 김에 1100고지 종주도 같이하는 것으로 일정 계획을 짰다. 2023.10/4~8로 일정이 확정되면서 제주도종주가 현실로 다가오자, 가슴이 다시 뛰기 시작한다.

*1일~3일 차 (10/4~6) :

06:00 제주항 도착. 시계 반대 방향으로 해안을 따라 259.2㎞ 제주환상자전거길 종주 후 제주로 복귀.

*4일~5일 차 (10/7~8) :

1100고지 종주 라이딩. 90.3㎞

*5일 차 (10/8) :

14시 배로 제주 ~ 삼천포 (제주항 13시까지 도착)

*사천에서 1박 후 10/9 오전 울산 귀환.

위의 큰 일정에 따라 세부 일정도 세워놓았지만, 상황에 따라 유연하게 대처할 계획이다. 코로나 기간 K와 나 모두 심혈관에 스텐트를 하나씩 심은 데다가, 자전거도 국토종주 때만큼 열심히 타지 않았기에 무리하지 않기로 한다.

2023/10/03 (화) ~10/04(수)	0~1일 차 85.8km	(울산~서귀포 도체비낭게스트하우스)

출발 날인데 하필이면 비가 온다. 지난 국토종주 때는 MTB(산악자전거)를 탔는데 제주도는 길이 잘 되어 있어 가벼운 사이클 자전거를 가져간다. K에게 구수리 쪽 날씨를 물었더니 역시 비가 오고 있다. 추석 연휴 마지막 날이라 차가 밀릴지도 몰라 일찍 서두른다.

비를 생각하면 성가시고, 불편한 마음도 든다. 하지만 생각은 마음대로 바꿔 볼 수도 있는 것 아닌가. 예로부터 이사하는 날 비가 오면 좋은 징조로 여겨왔다. 그 비가 집 안의 묵은 때와 나쁜 기운을 씻어내고, 새로운 출발에 행운을 가져다준다고 믿었다. 제주 라이딩이 집 이사와는 비교가 안 되겠지만 나에게는 큰 의미가 있다. 이 비가 우리의 여정을 안전하고 멋지게 이끌어 줄 것만 같아 고맙다고 생각을 바꾸기로 한다.

오션비스타제주호 발권 담당자가 추가 비용을 달라고 한다. 인터넷 예매 금액(2인 왕복 23.8만 원)에 자전거 탑승비가 빠져 있단다. 대당 3천 원에 왕복 금액을 추가로 지불하고 승선 수속을 마친다. 배가 생각보다 커서 K의 멀미 걱정은 안 해도 되겠다. 선미 부분의 램프(부두와 배의 연결 통로) 끝에 있는 자전거 적치대로 가서 자전거를 고정한다. 세워진 자전거들의 형상이 묘하다. 양손을 들고 벌서고 있는 모습 같아 잠깐 옛 기억이 떠오른다.

소싯적 이모님 집이 주류 도매를 한때가 있었다. 갖가지 술과 음료를 집에다 가득 재어놓고 주문을 받아 배달해 주고 있었다. 이 일에 꼭 필요한 것이 있었다. 타본 사람이 아니면 어른도 타기 힘든 짐 배달용 커다란 자전거였다. 어릴 때부터 자전거 타기를 좋아했던 마음이 그날 또 발동했다. 페달이 발에 닿지도 않는 상태에서 겁 없이 몰래 자전거를 끌었다. 몇 발짝도 못 가서 음료수 박스 위에 넘어졌다. 우당탕하는 소리에 호랑이 같은 이모님이 나오시고, 코가 땅에 닿을 듯 고개를 숙인 채 한참 동안 죽은 듯이 서서 호된 야단을 맞아야 했다. 자전거와의 인연은 어릴 때부터 그렇게 이어져 왔다.

승선권과 자전거 수화물 표를 받아 들고 승선권과 주민증을 체크하는 5층에 도착한다. 데스크 끝에 '자전거를 가져오신 분은 하선 때 여기로 모여라.'라는 안내판이 있어 무슨 뜻인지 확인한다. 안전을 위해 자동차가 먼저 다 하선하고 난 다음에 자전거가 하선해야 하므로 여기 모여서 기다려 달라는 이야기다.

배 안에 카페테리아, 편의점, 면세품 매장, 오락실 등 다양한 편의 시설이 손님들을 기다리고 있다. 면세가에다 추가 할인해서 판매하고 있다는 술 광고가 붙어 있고, 카페테리아도 약간 비싸지만 메뉴가 제법 다양하게 있다. 편의점에 들러 맥주를 보니 갑자기 목이 말라 온다. 저절로 손이 가는 새우깡도 같이 산다. 5019호, 8인용 스탠더드 룸을 찾아간다. 자리를 깔고 벽에 기대어 마시는 맥주 한 모금은 오늘 하루의 피로를 모두 씻어낸다. 출항 경적이 울리고 선실에 난 작은 창 너머로 보이는 불빛들이 흘러가기 시작한다.

2023
10/04 (수)
23:00
~06:00
발 삼천포 신항
(오션비스타제주호)
착 제주항

(좌)QR 7-1-1 오션비스타제주호 / (우)QR 7-1-2 오션비스타제주호예약 '한국해운조합 여객선예매'

2023
10/04 (수)
1일 차
(하선까지)

아침 6시가 다 되어가니 선내 방송이 잠을 깨운다. 제주 도착을 준비하라는 안내 방송이다. 일어나서 잠도 깰 겸 가까운 뱃머리 쪽으로 나가본다.

오~ 환상 그 자체다. 어스름한 새벽빛이 검푸른 바다 위에 살며시 번지고, 고요한 수평선 위로 한 줄기의 붉은 기운이 새벽하늘을 천천히 물들이고 있다. 구름도 밤과 낮 사이에서 흐릿한 경계를 그리고, 바다는 깊은 숨을 들이쉬며 어둠을 삼키고 새 날을 맞을 준비를 하고 있다. 새벽의 고요함 속에서 잔잔한 물결이 여명의 빛을 받아 반짝인다. 시간마저 멈춘 듯한 이 순간, 세상과 나는 하나가 되어 잠시 황홀감에 빠진다.

황홀한 제주항 새벽 정경

하선 순서는 차량, 오토바이, 자전거 순이라 자전거를 가져온 여덟 명은 마지막까지 기다린다. 자전거 고정 틀 폭이 바퀴가 두꺼운 MTB 위주로 만들어져 있다 보니 아가씨 허리같이 가냘픈 내 사이클 바퀴에는 안 맞다. 밧줄로 대충 묶어 두었는데도 넘어지지 않고 밤새 안녕한 게 기특하다.

다들 자전거를 풀어내려 짐을 싣는데 폴란드에서 온 커플의 짐이 이삿짐만 하다. 한국은 자전거 타기 최고의 나라라고 연신 엄지를 치켜세운다. 해외까지 와서 자전거 여행을 하는 것이 너무 부럽다고 덕담을 해 주자 좋아한다. 사실, 이분의 이야기가 맞다. 우리는 한동안 먹고사는 데 몰두하느라 건강과 생활의 여유를 미처 생각할 겨를이 없었다. 경제 수준이 어느 정도 오르자 4대 강을 중심으로, 전국적인 자전거 길 조성 붐이 일어났다. 남한강, 낙동강, 금강, 영산강 길을 필두로 섬진강, 오천, 북한강, 제주도, 동해안자전거길이 뒤따라 완성되어 갔다. 그 덕분에 이 멋진 길을 우리가 지금 행복하게 잘 다니고 있다. 원래 길은 없었다. 누군가 먼저 걸어가면 뒤따르는 사람이 생기고, 많은 사람들이 걸어가면 새로운 길이 만들어지는 것이다.

하선이다. 짐이 많아 무거워하는 폴란드 분을 도와주는 착한 K다. 자전거 여행을 하면서 마음에 제일 많이 다가오는 것은 '친절'과 '배려'다. 수많은 사람들과 같이 어우러져 살아가야 하는 이 세상에서 이들이 꼭 필요한 것임을 몸이 기억하고 실천하고 있다.

선내 자전거 거치대

투맨잇 원맨다이,
아이돈노 : 모슬포

본격적인 제주 라이딩이 시작된다. 제주도 지도를 옆에 두고 함께 여행을 떠나보자.

| 2023
10/04 (수) | 1일차
85.8km | 발 06:30 제주항 제4부두 | → 5.3km / 30m | 착 07:00 용두암 인증센터 |

QR 7-2-1 제주항 제4부두 → 탑동광장 → 용두암 인증센터

부두를 빠져나와 용두암으로 간다. 부두 문에 다가가니 갑자기 문 양쪽에서 물이 분사된다. 아침부터 차량 소독하는 약품을 덮어썼다. 아무튼 소독은 좋은 것이다. 몸과 마음을 다시 한번 정갈히 하여 일만 팔천의 제주 신이 노하지 않도록 조심해서 땅을 밟아 용두암으로 향한다.

제주는 신들의 세상이다. 다른 곳에 비해 유독 제주에 신들이 많은 이유는, 비와 바람이 거세게 몰아치는 지리적인 특성의 영향이라 한다. 섬으로 고립되고 화산암의 척박한 땅과, 거센 바람이 휘감는 바다로부터 안녕을 지키려는 제주 사람들의 가녀린 염원이 농경의 여신 '자청비', 바람의 여신 '영등 할멈', 조

상보다 차례상을 먼저 받는 '문전신' 등 수많은 신을 만들어 내었을 것이다.

1구간 | (발) 07:03 용두암 인증센터　　→ 20.8㎞/ 1h 11m　　(착) 08:14 다락쉼터 인증센터

(좌)QR 7-2-2 용두암 인증센터 → 제주 제주시 용담삼동 1284 → 다락쉼터 인증센터 / (우)영상QR 7-2-2 다락쉼터 가는 길

　　제주에서 출발하여 시계 반대 방향으로 돌아야 해안의 멋진 풍광을 계속해서 만끽할 수 있다. 인증센터에서 해안 도로로 내려서서 100m 오른쪽으로 가면 용두암이 있다. 여기서부터 바다를 오른편에 두고 달린다. 왼편으로 제주공항 담장을 지나 계속 달리면 도로 방호벽을 무지개 색깔로 칠해 놓은 도로가 나온다. '도두 무지개 해안 도로'다. 여기는 해녀 동상 등 조형물들이 여러 곳에 세워져 있어 사진 명소가 되었다. 그중 유독 눈에 띄는 것이 있다. 도로를 등지고 바다를 향해 앉아서 낚시하는 모습이다. 손에 있어야 할 낚싯대는 어디 가고 맨손으로 앉아 있다. 누군가가 낚싯대를 빼 갔는지…. 물고기 대신 세월을 낚았던 강태공은 낚싯대라도 들고 있었는데….

　　10여 분을 더 달려 이호테우해변을 지난다. 흰색과 빨간색 말 형상의 등대로 유명한 곳이다. 해변에서 보아 왼쪽이 빨간색, 오른쪽이 흰색이다. 항구에 서 있는 등대의 두 가지 색깔은 여기도 예외가 아니다. 항구로 들어올 때 빨간색은 등대 왼쪽으로 가라는 신호이고, 흰색은 오른쪽으로 배를 몰아라는 뜻이다. 지명이 특이한데, '테우'는 뗏목을 말한다. 가다 보면 군데군데 '제주환상자전거길' 표지판이 서 있다. 길바닥의 파란색 선과 이 표지판만 잘 보고 따라가면 된다. 다락쉼터 인증센터에는 먼저 온 라이더들이 휴식을 취하고 있다.

발 08:18 다락쉼터 인증센터　　→ 0.6㎞/ 2m　　착 08:20 제주화연이네 (애월)

QR 7-2-3 다락쉼터 인증센터 → 제주화연이네 (애월)

　개점 전 이른 아침인데도 문이 열려있어 들어서니 주인장이 마치 오랜 손님을 맞이하듯 반가운 미소를 지어 보인다. 잘 꾸며진 식당 안을 둘러보다 창가에 난 화분 옆, 예쁜 액자 하나가 눈길을 끈다. 액자 속에는 나태주의 시, 「선물」이 조용히 앉아 있다.

　"하늘 아래 내가 받은 가장 큰 선물은 '오늘',
　오늘 받은 선물 중 가장 아름다운 것은 '당신'."

　'당신'. 떠올리기만 해도 마음이 따뜻해진다. 그러다 문득, 코끝이 찡해 온다. 한평생 함께 살아오며 쌓여만 간 고마움과, 갚지 못한 수많은 빚들이 주마등처럼 스쳐간다. 이생에서 다 갚지 못한다면, 저 생에서도 꼭 갚아야 할 것이다.
　여주인이 자신 있게 권한 갈칫국을 시켰다. 한 숟가락 국물을 떠 넣는 순간, 번쩍 눈

제주화연이네에서 만난 나태주 시 '선물'

이 뜨인다. 속이 환하게 트이는 시원한 맛, 여태껏 맛보았던 갈칫국 중 단연 으뜸이다. 생선 특유의 비린내는 그림자조차 없다. 주인장이 싱긋 웃으며 말한

다. "싱싱한 갈치로 정성을 다해 끓였어요." 그 한마디에, 이 깊은 맛의 비밀이 담겨 있다.(조식. 칼치국 1.5만원/인. 08:30부터 조식. 화율 휴업. 064-799-7551)

2구간 | 발 09:25 제주화연이네　→ 21.2㎞/ 1h 3m　착 10:28 해거름마을공원 인증센터

QR 7-2-4 제주화연이네 → 곽지해수욕장 → 협재해수욕장 → 해거름마을공원 인증센터

애월항을 지나며 15분여를 달리면 곽지해수욕장에 이른다. 하늘은 더욱 푸른빛으로 변하고 새털구름과 조개구름이 나란히 하늘 한 편을 수놓고 있다.

영상QR 7-2-5 해거름 마을공원 풍경

1시간가량 달려 도착한 해거름마을공원. 넓은 벌판 한가운데 붉은 부스 하나가 외로이 서 있다. 바람에 흔들리는 벤치 하나가 묵묵히 곁을 지키며 부스의 고적함을 위로하고 있다.

3구간 | 발 10:42 해거름마을공원 인증센터　→ 21.6㎞/ 1h 18m　착 12:10 만선식당 (모슬포)

(좌)QR 7-2-6 해거름마을공원 인증센터 → 만선식당 (모슬포) / (우)영상QR 7-2-6 모슬포 가는 길

고개를 들어보니 앞쪽 하늘에 봉황 형상의 구름이 내려오고 있다. 성서로운 조짐으로 뭔가 좋은 일이 생길 것 같다. 맞다. 모슬포에 맛있는 고등어회가 기다리고 있다. 자전거 길은 두모삼거리에서 해안을 벗어나 일주서로를 타고 달린다. 조금 더 가면 신흥 삼거리가 나오고 그곳에서 해안 쪽으로 2분 거리에 신창풍차해변이 있다. 도착 지점을 3㎞여 남기고 일주서로를 벗어나 다시 영락해안도로를 타고 해안 길을 달려 모슬포항으로 들어간다.

전에 방문한 적이 있는, 고등어 회 전문 식당인 '미영이네'에 도착하니 문이 잠겼다. 수요일은 휴업이라는 안내판이 달려있다. 바로 옆 '만선식당'도 고등어 회 전문이라고 되어 있어 발길을 옮긴다. 고등어회는 싱싱해야 하기에 제주도가 아니면 맛보기가 쉽지 않다. 맛있는 것을 먹으려면 발품이 들어가야 한다. 한 무리 오토바이 부대가 같이 도착한다. 최고 연장자의 나이가 팔십이 다 되었다는 말에 깜짝 놀란다. 정말 나이는 숫자에 불과한 것인가. 희망이 보인다. 나이 80에도 여전히 자전거 타고 있는 내 모습을 그려본다.

12:15~13:30 점심 (고등어회. 소 5.5만 원/2인. 만선식당. 화요일 휴업)

김에 따끈한 밥 한 젓가락 깔고, 그 위에 은빛 고등어회 한 점을 살포시 올린다. 그리고 양념장에 절여진 양파를 살짝 덮어 한입에 넣는다. 입안에서 녹아내리는 이 부드러움, 바로 이 맛이야말로 'Two men eat, One man die, I don't know'를 절로 외치게 한다.

돌이 먹다가 하나 죽어도 모를 고등어회

발 13:30 만선식당 → 4.2㎞/ 10m 착 13:40 사일리 커피

QR 7-2-7 만선식당 (모슬포) → 사일리 커피

오늘 남은 일정을 보니 시간 여유가 있다. 차 한잔하고 가기로 하고, 10여 분 페달을 밟아 도착한 곳은 최남단 해안로의 보석 같은 카페, '사일리 커피'. 하모 방파제 너머 펼쳐진 풍경은, 마치 낯선 외국의 어느 바닷가에 발을 디딘 듯하다.

발 14:35 사일리 커피 → 1.8㎞/ 10m 착 14:45 송악산 진지동굴

QR 7-2-8 사일리 커피 → 송악산 진지동굴

예쁜 풍경을 가슴 가득 담고, 따뜻한 차로 한 시간을 천천히 적신 뒤, 일제 강점기에 군사용으로 만들어진 송악산 진지동굴을 찾아간다. 동굴 진입로를 찾지 못해 돌아 나와 상인에게 물어보니 지금은 해안으로 내려가는 접근로가 폐쇄되어 동굴 입구 사진을 더는 찍을 수 없다고 한다.

| 발 | 15:00 송악산 진지동굴 | → 0.7㎞/ 5m | 착 | 13:05 송악산 인증센터 |

QR 7-2-9 송악산 진지동굴 → 송악산 인증센터

4분여 거리를 돌아 나와 송악산 인증센터로 향한다. 인증센터는 송악산휴게소 주차장 입구에 있다.

| 발 | 15:07 송악산 인증센터 | → 12.7㎞/ 1h 8m | 착 | 16:15 도체비낭게스트하우스 |

QR 7-2-10 송악산 인증센터 → 산방산탄산온천 → 도체비낭게스트하우스

아직도 숙소 입실 시간까지 여유가 있어 산방산 쪽으로 다녀오기로 한다. 사계항을 거쳐 산방산 왼편 언덕을 넘어 산방산 탄산온천까지 갔다가 숙소인 도체비낭게스트하우스로 돌아오는 코스를 잡고 출발한다. 풍랑 주의보가 내려졌다고 하더니 바람이 엄청나게 거세다. 제주환상자전거길은 업힐 구간이 많지 않기에, 산방산 언덕 넘어가는 이 정도의 길은 운동이 되니 오히려 반갑다.

*숙박 : 도체비낭게스트하우스 (4인 남자 도미토리. 1인 2.7만 원. 조식 포함. 17시 입실. 짐은 미리 맡기고 쉴 수 있음.)

발 18:00 도체비낭게스트하우스　　→0.3㎞(도보)　　착 18:04 사계골목집

QR 7-2-11 도체비낭게스트하우스 → 사계골목집

서귀포에 사는 친구 P를 만나 오랜만에 회포도 풀고, 늦도록 이야기꽃이 핀다. 이 집 고기를 종류별로 다 맛보았는데 모두 맛있다. 나의 맛집 리스트에 올린다.

일흔의 한 마디

"제주도는 신들의 세상. 억센 자연이 약한 인간을 신에게 기대게 한다."

사일리 카페에서 본 풍경

삶의 여정에도
이정표가 있다면 : 서귀포

| 2023 | 2일차 | 발 | 08:05 도체비낭게스트하우스 | → 31.8km/ 2h 12m | 착 | 10:44 법환바당 인증센터 |
| 10/05 (목) | 101km | | | | | |

(좌)QR 7-3-1 도체비낭게스트하우스 → 중문관광단지 → 제주 서귀포시 중문동 2502 → 서귀포강정크루즈터미널 → 제주 서귀포시 강정동 5652
→ 법환바당 인증센터 / (우)영상QR 7-3-1 법환바당 가는 길

원래 7시 출발로 계획했는데 게스트하우스 조식이 7시 30분에 준비되어 식사 후 바로 출발한다. 어제 만난 친구 P와 아침 9시 30분에 다시 만나기로 했다. 약속 지점까지 시간 맞춰서 일주서로를 따라 서귀포시로 달려간다. 하늘에 구름이 적당히 덮여 라이딩에 좋은 날씨다.

제주관광공사 로터리에서 P를 만나 우정 동행 라이딩을 시작한다. 무릎 관리 중인 그의 사정을 감안하여 무리하지 않을 만큼만 가기로 한다. 멀리 제주까지 와서 친구와 자전거 같이 타며 새로운 추억을 만들어 간다는 게 가슴 뿌듯하다. P는 생각보다 잘 탄다. 오르막도 엉덩이를 들고 댄싱을 하며 잘 올라간다. 일상생활 속에서 자전거를 많이 타는 편이라며 자칭 포터라 한다. 마나님 요청을 받아 물건 사다 나르고 병원 예약하는 것도 모두 자전거 타고 다니면서 한다니 자전거 타는 것이 일상이 되어 있다. 7㎞ 정도를 달려 강정항으로 들어간다.

(착) 09:58 강정항

왼편으로 강정 크루즈터미널이 보인다. 22만 t톤급 크루즈 선 정박이 가능하다. 강정항은 해오름 노을길이 유명하다. 수평선 위에 떠 있는 황금색 노을이 하늘에 걸쳐진 구름을 비추면 마치 오로라처럼 보여 절로 감탄하게 된다고 한다. 보행로와 벽에도 바닷속의 풍경을 그려놓아 바닷속에 들어온 것 같은 착각을 하게 만드는 트릭아트도 재미있게 꾸며져 있다.

차 한잔하러 강정 다이브 센터에 들렀는데 주인이 없다. 주인장은 사람들 데리고 다이빙 훈련차 바다에 나갔다고 한다. 센터 직원을 붙들고 혹시 커피 마실 데가 없는지 물으니 보기가 딱했던지 커피를 타 내 온다. 귀하고 인정이 가득한 커피다. 게다가 몇 장의 기념사진까지 찍어준다. 분명 복 받으실 분이다.

QR 7-3-2 강정다이브
센터 → 강정해안쉼터

그다음으로 친구가 안내한 곳은 강정항 근처 풍광이 일품인 강정 해안 도로다. 지도상 명칭은 '강정해안쉼터'. 마라도, 산방산이 보이는 멋진 뷰 포인트다. 저 멀리 한라산이 보이고 법환 앞 바다에 있는 범섬도 눈에 들어온다.

마라도, 산방산이 보이는 강정해안쉼터 뷰 포인터에서

"친구야 고맙다. 힘 적게 드는 전기 자전거 사거든 연락하려무나. 그때 다시 함께 제주를 돌아보자꾸나."

강정에서 친구와 헤어지고 법환바당으로 향해 간다. '바당'은 경상, 제주 방언으로 바다를 의미하며, 강원 방언으로는 바닥을 뜻하는 말이다.

ⓒ 10:44 **법환바당 인증센터**

인증센터 옆 법환 해녀 광장에 전시해 놓은 태우가 보인다. 태우는 뗏목의 제주도 방언으로 우리 선박 역사의 원형으로 간주하는 중요한 민속 유물인데 통나무 10여 개를 나란히 엮어서 만든 것이다. 다른 조형물들도 있어 같이 사진으로 남긴다. 가을은 하늘을 캔버스 삼아 흰 구름으로 멋진 풍경화를 그려내고 있다. 범섬의 호랑이는 언제라도 뛰어오를 것처럼 잔뜩 웅크리고 있는 모습이 눈에 들어오고, 저 멀리 섶섬, 문섬도 아련히 보인다.

ⓑ 10:50 법환바당 인증센터   →13.6㎞/ 1h 19m   ⓒ 12:09 쇠소깍 인증센터

QR 7-3-3 법환바당 인증센터 → 왈종미술관 → 카페가까이 → 쇠소깍 인증센터

법환바당을 출발한 자전거 길은 바로 해안을 벗어나 태평로를 타고 천지연폭포 위쪽을 지나간다. 천지연폭포 교차로에서 우회전하여 솔동산로로 바꿔 탄다. 자구리 해안가로 내려가면 다시 해변을 만난다. 조금 더 가면 정방폭포 주차장과 왈종미술관이 나온다.

QR 7-3-4 <모닝갤러리>
제주 '왈종미술관' 다녀오다!

ⓒ 11:24 **왈종미술관 입구**

정방폭포 주차장 길 건너편에 찻잔 모양의 건물이 보이는데, 이왈종 화백이 제주에 터를 잡은 곳이다. 몇 년 전에 들러서 흥미롭게 관람했던 기억이 다시 새롭다.

정방폭포 주차장 입구에 쇠소깍이 6.8㎞ 남았다고 알려 주는 이정표가 서 있다. 이것을 보는 순간 엉뚱한 생각이 순간적으로 스친다. 우리 삶의 여정에도 이런 이정표가 있으면 어떨까. 어떤 이는 초등학생이 방학 때 일과표를 짜 놓고 열심히 따라가듯 이 이정표를 보고 미리미리 준비해서 잘 지켜나가려고 할 것이다. 또 어떤 이는 이정표야 있든 없든 관계없이 제 하고 싶은 대로 살아갈지도 모른다.

나는 어떨까? 내 삶의 여정을 전체적으로 살핀 후 내가 하고 싶은 것을 이정표 사이사이에 끼워 넣어 보려고 할 것이다. 만약 이정표가 없고 원하는 대로 살아가라 한다면, 글과 사진 공부를 해서 여행 작가가 되고 싶다. 넓은 세상을 마음껏 호흡하며 나와는 다른 다양한 사람의 삶에 들어

영상QR 7-3-9
카페가까이 가는 길

가 그들과 마음을 나누고 사랑하며 살고 싶다. 그 과정을 책으로도 엮어 사람들과 공유하고 싶다. 제목은 '자전거 주유천하'가 어떨는지?

ⓐ 11:43 카페가까이

바다가 손에 닿을 듯 해변 가까이 붙어 보목해안도로를 달린다. 눈앞에 어른 키보다 큰 대형 아이스크림 모형 광고물이 갑자기 나타나 급히 멈추어 선다. 목도 마른 참에

QR 7-3-5
카페가까이

너무 잘 만났다 싶다. 북 카페 '카페가까이', 이름도 참 이쁘다. 가까이 다가가고 싶어지는 이름이다. 한참 동안 기다려 나온 수제 아이스크림을 들고 밖으로 나간다. 푸른 바다와 흰 구름이 반쯤 덮인 하늘을 배경으로 한 아이스크림 사진을 찍어 본다. 아이스크림 업체가 이 사진을 본다면 바로 광고용으로 쓰자

카페가까이 아이스크림

고 할 인생 사진이 또 하나 나왔다.

🚩 12:01 카페가까이

하나 더 먹고 싶은 마음이 굴뚝같지만, 점심때가 다 된지라 입맛만 다시며 가던 길을 계속 달린다.

🏁 12:09 쇠소깍 인증센터

점심은 좀 더 가서 먹기로 하고 바로 출발이다. 일정 계획상으로는 표선에서 먹기로 되어 있으나 도착 시간이 너무 늦을 것 같아 중간에서 해결하기로 한다.

┌─────────────────┐
│ 일흔의 한 마디 │
└─────────────────┘

"자유로운 삶을 꿈꾸면서"

카페가까이

남에게 이로워야
나에게도 득 : 표선

4

 2023
10/05 (목) | (발) 12:11 쇠소깍 인증센터 →29.4km/ 3h 12m (착) 15:23 표선해변 인증센터

QR 7-4-1 쇠소깍 인증센터 → 거룡수산 (팔도강산)→ 남원119센터4가교차로 → 제주 서귀포시 남원읍 신흥리 156-6 → 표선해변 인증센터

    제주도의 일주 도로는 제주와 쇠소깍을 기점으로 일주서로와 일주동로로 나
뉜다. 제주에서 쇠소깍까지는 일주서로, 쇠소깍에서 제주로 돌아오는 길은 일
주동로라 불리며, 이 도로는 마치 두 팔로 섬을 감싸안고 있는 모양이다.

    표선을 향해 일주동로를 따라 달려가는데 점심때가 되도록 식당이 보이지
않는다. 허기가 몰려오고, 피로에 잠까지 덮쳐 온몸이 무거워진다. 잠시 쉬어
가려 주변 가게를 찾으며 천천히 간다. 밀감 가게라도 보이면 좋겠다 싶다. 제
주에 들어온 이후로 아직도 그 싱그러운 밀감 맛을 보지 못해서다.

QR 7-4-2 삼촌농수산
(삼촌농장)

(착) **12:35 삼촌농수산(삼촌농장)**
    마침 삼촌농수산이란 간판이 눈에 들어온다. 밀감을 사
먹으며 근처 식사할 데를 물었더니 시계를 본다. 더 늦으

면 못 먹으니 빨리 가 보라며 식당 가는 길까지 친절하게 알려준다. 몇 분 정도 거리에 있는 팔도강산이라는 정식 전문 식당이다.

🛬 12:44 팔도강산(거룡수산)

손님들로 꽉 찬 걸로 보아 맛집이 틀림없는 것 같다. 먹은 상을 치우지 못할 정도로 바쁘다. 아무 빈자리나 앉으려 하니 재료가 다 떨어졌단다. 사정을 해도 사장은 도저히 안 된다고 손을 휘휘 내젓는다. 하는 수 없이 식당 밖으로 나와 근처를 둘러보지만, 점심 해결할 마땅한 곳이 보

QR 7-4-3
팔도강산(거룡수산)

이지 않는다. 다시 들어가 배가 너무 고프다고 읍소하면서 근처 밥 먹을 데를 꼭 좀 알려달라고 다시 부탁한다. 우리 몰골이 하도 딱하게 보였던지 그제야 의자를 권한다.

기다린 보람이 있다. 한 명당 만 원짜리 정식 한 상이 진수성찬이다. 옥돔구이에, 두루치기에다 갖은 밑반찬에…. 감사의 인사가 절로 튀어나온다. "일용할 양식을 주신 사장님, 정말 고맙습니다~"

🚲 13:38 팔도강산

다시 일주동로를 타고 달리던 자전거는 남원119센터 4가 교차로에서 핸들을 오른쪽으로 돌려 해변 방향으로 내려선다. 이곳에는 남원큰엉해안경승지가 가까이 있다. 해변에서 제주올레5코스 길 따라 위미항 방향으로 조금만 뒤돌아가면 만날 수 있다. 바다를 보면 한반도 지형이 나오는 숲길로도 유명하다. '엉'이라는 말은 제주 방언으로 '바위'를 뜻하는데, 이곳에 큰 바위들이 마치 바다를 한입에 삼킬 듯 거대한 입을 벌린 모습이라 하여 '큰엉'이라 불린다.

해안선을 타고 남원포구로 향하는 길. 저 멀리 보이는 수평선은 햇살을 받아 은빛 윤슬로 반짝이고 물결은 부드러운 바람에 잔잔히 일렁인다. 손에 잡힐 듯 가까운 검푸른 바위들은 바다를 향해 묵묵히 그 오랜 세월을 지켜보고 있다.

파도 소리마저 고요해 자연의 깊고 평온함이 내 마음을 부드럽게 채운다.

영상QR 7-4-3 남원
큰엉해안경승지해변

남원포구로 가는 중 윤슬이 아름다워

(착) 14:30 신흥1리 정자

바다의 향기를 품으며 남태해안로를 따라 달리던 자전거는 태흥2리포구를 지나면서 오른쪽으로 길을 틀어 태신해안로로 접어든다. 신흥1리의 정자에 다다르자, 눈꺼풀이 무거워지며 또 잠이 몰려와 페달을 멈추고 쉬어 간다. 땀이 식으니 선선할 정도로 바람이 세다. 시원한 바람에 이끌려 신발도 벗지 않은 채 정자에 드러눕는다.

바다를 보려 머리를 드니 눈에 들어오는 건 엉뚱하게도 잘못 신고 온 신발이다. 라이딩 준비에서 다른 것은 다 잘 챙겼건만, 이 신발만큼은 마음이 불편하다. 원래는 통풍이 잘되는 여름용 트레킹화를 신고 올 계획이었다. 집을 나서던 날 비가 쏟아져 어쩔 수 없이 발목까지 덮는 등산화를 신은 채로 K의 집으로 갔다. 그런데, K의 집을 출발하고 나니 비가 그치는 게 아닌가. 덕분에 햇살이 내려앉은 길을 등산화를 신고 땀 흘리며 달리고 있지만, 한라산 종주 마지막 날에는 비 예보가 있어 그나마 위안을 삼고 있다.

(발) 14:48 신흥1리 정자

팔베개를 하고 누워 있으니 파도 소리, 바람 소리가 모든 생각을 쓸어간다.

이 분위기를 좀 더 느끼고 싶어 K가 먼저 출발한 후에도 한참 더 있다가 일어선다. 정자를 출발하여 20여 분 달려가니 어느 공장 벽에 큼직하게 새겨진 문구가 시선을 사로잡는다.

他利我得(타리아득)
남에게 이로워야 나에게 득이 된다.

평생 많은 공장을 방문해 보았지만 '타인에게 이로운 것이 나에게도 이롭다' 라는 문구를 걸어둔 곳은 처음이다. 이윤을 추구하는 기업에서 다른 사람을 이롭게 하라는 철학을 드러낸다는 것은, 홍익인간의 정신없이는 어려운 일일 것이다. 이 회사 사장의 깊은 마음이 느껴진다. 우리 사회가 이런 신념을 가진 사람들로 가득 찬다면, 매일 신문과 방송을 채우는 여러 문제가 조금은 줄어들지 않을까 싶다. 생각에 잠기며 페달을 돌리다 보니, 어느덧 표선해변 인증센터에 닿는다.

발 15:25 표선해변 인증센터　→ 26㎞/ 2h 16m　착 17:41 성산일출봉 인증센터

QR 7-4-4 표선해변 인증센터 → 도댓불 → 세븐일레븐 서귀포온평점 → 섭지코지(30min) → 광치기해변 → 성산일출봉 인증센터

인증을 마치자마자 다시 페달을 밟아 성산을 향해 나선다. 전국의 자전거 길을 누비며 느꼈지만, 제주도의 자전거 길은 특히나 잘 정비되어 있다. 그저 여행으로 왔을 때도 항상 조금은 아쉬움을 남기고 떠나곤 했는데, 자전거를 타고

달리는 제주 또한 마찬가지다. 언젠가 이 길을 다시 돌아보고 싶은 마음이 샘솟는다.

　일주동로를 타고 달리던 자전거는 서동 교차로에서 오른쪽으로 방향을 틀어 환해장성로를 타고 간다. 온평리를 지나는데 저 멀리 첨성대를 닮은 구조물이 보인다. 호기심에 발을 멈추고 다가가 보니 옆에 안내판이 서 있다. 제주 해안의 옛 등대, 이른바 '도대'에 대한 설명이 붙어 있다.

　제주의 바닷가 마을 포구에는 고기잡이 나간 어부들이 무사히 돌아올 수 있도록 불을 밝히는 옛 등대가 있었다. 이것을 '도대'라 한다. '도'는 입구를 나타내는 제주어이며, '대'는 돌을 쌓아 놓은 시설물을 말한다. 도대는 선인들의 해양 문화를 증언해 주는 중요한 유적으로 야간에 선박이 입항할 때 각지불(등잔불)을 올려놓아 위치를 나타내었던 중요한 해양 조형물이다.

　도대는 도댓불, 도대불, 등명대로도 불리며 제주 해안 곳곳에 남아 있다. 바다를 비추던 작은 불빛이 길잡이가 되어주던 그 시절을 잠시 상상해 본다.

ⓒ 16:17 세븐일레븐 서귀포온평점

　배터리도 충전하고, 간식도 살 겸 편의점에 들른다. 혹시나 하고 충전이 가능한지 물어보니, 흔쾌히 해주겠단다. 편의점에서 보통 충전을 해주지 않는 경우가 많은데, 이곳은 다르다. 갑자기 세븐 일레븐이 좋아진다. 커피 한 잔과 싱그러운 밀감을 함께하며, 어느 정도 충전이 될 때까지 잠시 여유를 가져본다.

QR 7-4-5 세븐일레븐
서귀포온평점

ⓑ 16:52 세븐일레븐 서귀포온평점

　섭지코지에서 30여 분 머문 후 광치기해변을 거쳐 성산으로 향한다. 바람에 실려 오는 바다의 내음에 한껏 취해 달리다 보니 어느새 성산일출봉 인증센터에 닿는다.

발 17:55 성산일출봉 인증센터　→ 2.2km/ 10m　착 18:05 제주 온더스톤 게스트하우스 2호점

QR 7-4-6 성산일출봉 인증센터 → 제주 온더스톤 게스트하우스 2호점

*숙박 : 온더스톤 게스트하우스 2호점 (4인 남자 도미토리. 1인 2.1만 원. 조식 불포함)

인터넷에서 미리 찾아 놓은 식당에서 저녁을 하려 했지만, 샤워를 마치고 나서니 이미 영업시간이 지났다. 주위를 둘러보니 거의 모든 가게가 불을 끈 가운데, 유일하게 불빛을 밝힌 곳이 있다. 이름마저 운치 있는, '그리운 바다 성산포.'

QR 7-4-7
그리운바다 성산포

고등어구이와 전복 해물 뚝배기를 주문한다. 뚝배기 국물은 깊고 시원하여 온몸을 달래주니, 추운 날씨에 딱 맞다. 제주에서 입맛에 맞지 않는 음식을 만나기 쉽지 않으니 이 또한 행운이고, 큰 즐거움이 아닐까.

> **일흔의 한 마디**
>
> "남에게 이로워야 나에게 득이 된다."

특별한 사람들의 공통점,
해 보는 거야 : 함덕

환상 종주 마지막 날. 주행 거리는 그리 많지 않다. 내일 1100고지 종단 도전을 감안해서다. 문제는 날씨다. 풍랑 주의보 영향으로 바람이 드세다. 게스트하우스 주인 말로는 요사이 제일 센 바람이라 한다.

| 2023
10/06 (금) | 3일차
73km | 발 07:20 온더스톤 게스트하우스 2호점 | → 0.4km/ 2m | 착 07:22 현대 식당 |

QR 7-5-1 제주 온더스톤 게스트하우스 2호점 → 현대 식당

이른 아침부터 문을 여는 현대 식당에서 아침을 해결한다. 가성비 최고의 정식을 이곳에서 맛볼 수 있다. 옥돔구이에, 불고기가 따라 나온다.

(7시 오픈. 순두부. 김치찌개 8천 원, 정식 9천 원)

| 발 08:00 현대식당 | → 29.4km/ 2h | 착 10:00 김녕해변 인증센터 |

QR 7-5-2 현대식당 → 종달리해변 → 하도해변 → 별방진 → 세화해수욕장 주차장 → 평대리해수욕장 → 김녕성세기해변 인증센터

해맞이 해안로의 덱 길을 달린다. 주말 아침이라 그런지 도로에 차들이 거의 보이지 않는다. 긴 연휴 뒤라 여행하는 사람이 그리 많지는 않은 것 같다.

Galaxy Note20 Ultra 5G
2023년 10월 6일 오전 8:14

종달리해변 가는 길의 아름다운 풍경

착 08:27 환상적인 종달리해변

송난 포구를 스치고 시흥리를 지나 출발 4.5㎞ 지점에 이르자 햇빛과 구름과 바다가 함께 빚어낸 종달리해변의 멋진 풍광이 우리를 맞는다.

해변의 아침은 고요한 여백 속에 부드러운 빛으로 채워져 있다. 구름 사이로 뻗어 나온 햇살이 바다를 은은하게 비추고, 그 빛은 수평선에서 해안까지 반짝

이며 은하수 길을 만든다. 인적 없는 넓은 갯벌은 아침의 차분함을 더하며 자연의 신비로운 생명력을 느끼게 한다. 시간의 흐름조차 멈춘 듯한 평화로운 순간 속에 함께 있으니, 발걸음이 떨어지지 않는다.

영상QR 7-5-5 풍랑 주의보
중에도 바다는 해녀로 가득

20여 분을 달려 별방진을 조금 지나니 풍랑 주의보의 날씨에도 일터인 바다에 몸을 담그고 있는 해녀들이 보인다. 파도가 바위를 쳐 만들어 내는 하얀 포말이 제법 높다.

2km정도 더 달리면 세화에 제주해녀박물관이 있다. 제주 해녀의 역사는 고려 시대로 거슬러 올라간다. 조선 시대에도 계속 이어져 오다가 150여 년 전부터는 제주 바다를 벗어나 다른 지역에 진출하기 시작했다고 하니 그 긴 역사가 제주 해녀의 생명력을 말해주는 듯하다.

착 08:59 구좌읍 평대리 제주해녀잠수촌

간식으로 에너지 보충을 하며 잠시 휴식을 취한다. 하늘에다 구름이 그려놓은 그림들은 참 다양하다. 구름은 층을 이루어 떠 있는데, 맨 위 구름은 새털처럼 가볍게 흩어져 부드러운 붓질을 한 듯하다. 중간에는 마치 작은 비늘이나 물결처럼 모여 있는데 중간 틈새 사이로 푸른 하늘이 얼굴을 드러낸다. 맨 아래 구름은 바다 위로 얇게 깔려, 해변에 부드러운 그늘을 드리우고 있다. 잠시 잔잔한 파도 소리 들으며 내 마음도 쉬어 간다.

착 09:40 구좌읍 한동리

어린아이 하나가 바닷가 검은 바위틈에서 무언가를 잡고 있는 모습이 눈에 들어온다. 아빠와 함께 다정한 시간을 보내고 있다. 이런 어릴 적 좋은 추억은 살아가면서 어려움이 닥칠 때 큰 힘이 될 것이다. 부자 간의 아름다운 모습을 보고 있으니 불현듯 아버지가 생각난다.

늦게 둔 아들 자랑하러 손잡고 다니시면서 맛있는 것을 사 주시던 기억이 어제 같다. 내가 좋아하는 짜장면도 사 주고, 가끔은 사무실 근처 곰탕 집에도 데려갔다. 곰탕 집 테이블에는 세 개의 작은 양념 통이 늘 놓여 있었는데 후추통, 소금통, 썰어놓은 파통이었다. 그런데, 아버지가 소금 통 여는 것을 한 번도 본 적이 없었다. 곰탕이 나오면 같이 내준 깍두기를 국물과 함께 넣어 휘휘 저어 간을 맞춰 드셨다. 이런 종류의 탕을 드실 때는 늘 같은 방법이었다. 나도 자연히 따라 하게 되었고 내 입맛도 소금보다는 김치 간에 길들게 되었다. 사회에 나와 사람들과 곰탕을 먹을 때면 늘 듣는 소리가 있다. '소금 안 쳐?' 어릴 때 들인 입맛은 이렇게 평생을 가는가 보다.

착 10:00 김녕해변 인증센터

인증센터 도착 얼마 전, 동력 글라이더 사진을 찍고 있는데 자전거 타던 커플이 지나가며 반갑게 인사를 했다. 이분들을 인증센터에서 다시 만난다. 부부가 함께 라이딩하는 모습을 보면 너무 부럽다. 나이 들어 같은 취미를 갖는다는 게 얼마나 좋은지…. 젊은 시절부터, 노년에도 같이 할 수 있는 부부 공통의 취미를 만들면 건강 관리뿐만 아니라 원만한 관계 유지에 큰 도움이 될 것이다.

부부는 인천에서 부산까지 국토종주를 끝내고는 내친김에 제주까지 와서 일주 라이딩 중이다. 환갑이 지난 나이에도 대단한 열정이다. 가끔 사람들이 우리를 보고 이야기한다. 나이가 숫자에 불과함을 증명이라도 해 보이려고 다니는 듯하다고. 그렇게 보일지 모르지만, 실은 건강을 위해서다. 게다가 재미까지 있으니…. 나이 들면 한 가지 빼고는 부러운 게 없다고 한다. 세월이 흐르고 나면 건강이 최고라는 걸 모두 알게 될 것이다.

김녕성세기해변

QR 7-5-3 김녕성세기해변 인증센터 → 함덕서우봉해변 인증센터

해변을 벗어나 일주동로를 찾아 들어간다. 동로를 계속 밟아가면 동남교차로를 만난다. 여기서 왼쪽 길인 조천 우회로로 가지 않도록 유의해서 오른쪽 해안 길로 쭉 가면 함덕서우봉 인증센터에 닿는다.

이곳에서 대단한 라이더 가족을 만났다. 제법 큰 딸을 아빠가 뒤 태우고, 아들 둘과 엄마, 온 가족이 제주 일주 라이딩 중이다. 더 놀란 것은 가족 국토종주를 벌써 세 번이나 했다는 것이다. 살면서 이렇게 남다른 사람들을 가끔 만난다. 이들은 한 가지 공통점이 있다. 다른 사람들이 이들을 보고 특별하다고 말하는 만큼을 정작 본인들은 느끼지 못한다는 것이다. 그냥 한번 해 보니까 되고, 되니까 또 하는 것일 뿐이라고 한다. 세상사가 다 마찬가지가 아닐까 싶다. 해 보면, 쉽고 어려운 것을 알아 갈 수 있지만 시도조차 하지 않는다면 결국 아무것도 하지 못할 테니까. 해수욕장의 야자수가 이국적인 정취를 느끼게 하는 함덕을 떠나 제주시로 발길을 옮긴다.

11:10 함덕서우봉해변 인증센터 → 30.7㎞/ 2h 10m 착 13:20 제주시민속오일시장

QR 7-5-4 함덕서우봉해변 인증센터 → 제주 제주시 화북일동 4275-10 → 제주시듬삭한국밥집 → 제주 제주시 용담삼동 2580 → 제주시민속오일시장

해변 길을 벗어난 자전거는 조천 운동장에서 좌회전하여 조금 더 가면 일주
동로와 만난다. 다시 우회전하여 동로를 타고 가다가 삼양해수욕장 입구 교차
로에서 우회전하여 해안 길로 내려간다. 먼저 출발한 K와 떨어져 한참을 따로
라이딩하고 있다.

착 12:06 남당마루쉼팡

1시간여 달려 화북 마을에 들어서니 정자가 보여 쉬어 간다. 정자에 '남당마
루쉼팡'이란 문패가 붙어 있다. 벤치와 의자가 잘 갖춰져 쉬어가기 좋은 곳이
다. 쉼팡의 뜻은 '지친 몸을 잠깐 쉴 수 있게 만든 대'라고 되어 있다. 쉬는 중 K
의 전화를 받아 보니 뒤처져 오고 있어 기다리기로 한다.

발 12:28 남당마루쉼팡

한참 동안 기다렸지만 K가 오지 않아 먼저 출발한다. 막 출발하려는데 반가
운 글귀가 눈에 들어온다.
'자전거 타기를 생활화 합시다.'
정말 그랬으면 좋겠다. 환경도 지키고 건강도 챙기고~!

QR 7-5-5
듬삭헌국밥집

(착) 12:39 듬삭헌 국밥집

가다가 밥때가 되어 맛있어 보이는 식당에 들어간다. '듬삭헌'. 돼지머리 국밥을 추천 받았는데 국물이 시원하기 그지없다. 정말 듬삭하다. '듬삭헌'은 제주도 방언으로, '기름기 있는 고기 등을 먹었을 때 입안에 깊은 맛이 돌아 푸짐하게 느껴지다.'의 뜻이라 한다. 제주도 음식은 아무 데서나, 아무거나 먹어도 맛이 있으니 웬일인지 모르겠다. 이렇게 궁합이 잘 맞으니 제주 몇 달 살기라도 해 봐야 할 모양이다.

14:22

제주시로 들어와서 공항 담길을 따라 제주 오일장으로 향한다. 잠깐 쉬면서 공항 너머 보이는 산을 바라본다. 내일 넘어갈 한라산이 그 위용을 자랑하고 있다.

(착) 14:50 제주시 민속오일시장

장날 확인을 미처 못하고 왔는데 오일장 서는 날이 내일이라 대부분의 가게가 문을 닫았고 몇 집만 불이 켜져 있다. 돌아보다 K가 점지한 가게로 가서 각자 몇 군데에 밀감 택배를 보낸다. 맛을 보고 추천 받은 것은 유라칠생, 황금향, 레드키위다. 레드키위는 무화과와 키위의 교접 종인데 제주도에서만 생산된다고 한다. 껍질째 먹을 수 있다는데 기찬 맛이다. 우리말은 홍다래다. 이것을 먼저 먹고 귤을 먹으면 귤 맛을 느낄 수 없다고 한다. 또한 맛있게 먹기 위해서는 후숙이 필요하다.

내일 오일장에 판매할 물건도 열심히 포장 중이다. 밀감 수확은 주로 10월 중순부터 2월까지 이루어진다는데 한꺼번에 많은 일손이 필요하다 보니 외지 사람들이 많이 들어온다. 여자는 주로 따는 일을 하는데 일당 8만 원, 남자는 힘이 쓰이는 운반 일을 하는데 일당 13만 원 정도라 한다. 생각보다 일당 차이가 크다. 제주 살기를 하는 외지인들이 이 밀감 일을 많이 한다고 한다.

발 15:30 제주시 민속오일시장   → 2.0km/ 15m   착 15:45 노형호텔

QR 7-5-6 제주시민속오일시장 → 노형호텔

*숙박 : 노형호텔 (디럭스 트윈 67,108원/박)

*석식 : 국수&전 (제주 제주시 수덕5길 7, 머릿고기 1.5만 원. 고기 국수 0.8만 원)

내일 드디어

1100고지에 도전한다.

무거운 배낭이 문제다.

고생문이 훤하다.

아무렴, 내일은 내일의 태양이 다시 뜬다.

일혼의 한 마디

"운명은 용기 있는 자의 편이다."
- 베르길리우스

어두운 밤이 지나면
새벽이 온다 : 1100고지

아침에 눈을 뜨자마자 혹시나 하고 일기 예보부터 확인한다. 역시나 비 소식이다. 이럴 때는 기상대 예보가 좀 틀려도 괜찮은데 안 그럴 모양이다. 어차피 오늘은 고생할 각오를 단단히 하고 간다. 무거운 배낭만 아니면 좀 덜 할 텐데….

2023 | **4일 차** | 발 06:12 노형호텔   → 0.4km / 5m   착 06:17 김서방재첩해장국
10/07 (토) | **48.6km**

QR 7-6-1 노형호텔 → 김서방재첩해장국

빗방울이 계속 조금씩 날리고 있다. 아직 사위가 어둑어둑한데 김서방재첩해장국 식당은 불이 환하게 켜져 있다. 재첩국이 원래 시원하지만, 이 집은 더시원하게 느껴진다. 이번에 제주도 들어와서 여태 까지 먹은 음식들 모두가 맛있다. 주로 인터넷 후기들을 보고 선정한 맛집들이지만 그냥 우연히 만난 음식도 맛있었다. 결론은, 제주 음식은 다 맛있다? 이담에 제주 둘레길 걸으면서다시 확인해 볼 참이다.

*조식 : 김서방재첩해장국 (6시 오픈. 2.2만 원/2인)

발 06:50 김서방재첩해장국 → 4km/ 30m 착 07:20 신비의도로

QR 7-6-2 김서방재첩해장국 → 신비의도로

출발부터 한라산만 바라보고 페달을 밟는다. 앞에 펼쳐진 길은 오로지 오르막뿐이다. 신호등 앞에서 잠시 멈춰 숨을 고르는데, 뒤따라온 젊은 남녀 라이더 무리가 나란히 선다. 어디서 왔느냐고 물으니, 강원도 춘천에서 출발해 아침 배에서 내리자마자 1100고지를 향해 달린다고 한다. 그들의 청춘도 부럽지만, 그보다 더 부러운 건 배낭도 없는 가벼운 차림새다. 잠깐 탔을 뿐인데 벌써 어깨에 짐이 눌러온다. 잠깐 쉬는 사이 그들은 경쾌하게 우리를 추월해 사라져 버린다.

신비의도로까지는 예정 시간대로 오긴 왔는데 확실히 힘들다. 끝없는 오르막길. 이화령을 잘 넘었던 기억만 하고 왔는데 그게 아니다. 또 다른 차원이다. 이미 숨이 턱턱 막혀오는데, 앞으로 남은 길을 생각하면 절로 한숨이 나온다. 이곳을 지나면 어리목휴게소까지 보급소가 없다. 물이 얼마 남지 않아 편의점에서 생수를 더 구입한다. 물의 무게까지 어깨에 짐이 더해진다.

QR 7-6-3 신비의도로 → 어리목입구교차로

07:33

겨우 5분 정도 올라왔을 뿐인데 숨이 턱 끝까지 차오른다. 한라산 둘레길 안내판이 보이는 조금 평평한 곳에서 잠시 페달을 멈춘다. 오르막길에서는 쉬는 것조차 부담스럽다. 잠깐 멈추었다가 다시 출발하기가 얼마나 어려운지 몸이 금방 알아챈다. 그래도 평평한 곳이 보일 때마다 그 유혹을 뿌리치기 어렵다. 우리보다 앞서간 줄 알았던 춘천 팀이 다시 휙 하고 지나간다. 다른 길로 돌아서 올라온 모양이다. 입에서 저절로 이 한 마디가 튀어나온다.

"아이고, 되긴 되다~!"

끌다 타다를 반복하며 어리목입구교차로까지 올라간다. 직진하면 1100고지로 가고, 좌회전하면 어리목휴게소로 가는 길이다. 어리목휴게소까지는 1㎞밖에 남지 않았지만, 어리목 길 초입의 경사가 마치 벽이 서 있는 듯 느껴진다. 물도 아직 남아 있어 차라리 주차장에서 쉬다가 바로 가기로 한다. 1100고지까지 남은 길도 올라온 길처럼 가파를 것이란 생각에 휴게소 가는 에너지도 아끼기로 한다.

QR 7-6-4 어리목입구교차로 → 1100고지휴게소 주차장

　잠시 쉬고 있는데, 또 한 무리의 라이더들이 오토바이 팀과 섞여 지나간다. 큰 배낭을 진 사람은 우리뿐이다. 무식하면 용감하다 했던가, 이 무거운 배낭을 지고 1100고지 오를 생각을 어떻게 했을까 싶다.

또 가야 할,
끝이 보이지 않는 길
우리 인생처럼 고단한 길
힘들면 잠시 쉬었다 가자
1100고지 가는 길

에고, 힘들어~

　널브러진 자전거 옆에 배낭을 팽개치듯 벗어던지고 반쯤 드러눕는다. 분명 잿빛이어야 할 옅은 구름 덮인 하늘이 노랗다. 갈증이 심해질 때 꺼내 든 밀감이 최고다. 흐르는 과즙은 곧 감로수 같다. 어제 사둔 밀감을 서로 먼저 먹자고 내민다. 배낭 무게를 조금이라도 덜자며, 한 개라도 더 먹어 치운다.

　사람도, 자전거도, 짐도 이제는 아무 생각이 없다. 문득, 수행자들이 왜 육체를 고달프게 하며 마음을 닦는지 조금은 알 것 같다. 몸은 땅속으로 한없이 꺼져 가는데 정신은 맑아져 하늘을 날고 있다. 무상무념의 순간이다. 몸에서 영혼

이 빠져나와 자유가 되어, 힘겹게 페달을 밟는 내 다리를 내려다보면서 간다.

다리의 감각이 무뎌질 즈음 1100고지 안내판이 나타난다. 드디어 스스로와의 약속을 지켰다는 성취감이 샘물 솟듯 올라와 나도 모르게 핸들을 놓고 두 손을 하늘로 힘차게 뻗어 올린다.

험한 산을 오르는 것도 마찬가지지만 자전거를 타고 높은 고개를 오르는 것은 단순한 운동이 아닐 테다. 이는 인간이 자연과, 그리고 자신과 맞서 싸우는 어떤 원초적인 본능에 가깝다. 고갯마루까지 이어진 그 가파른 길은 언제나 자신에게 묻는다. "왜 올라가려 하는가?"

길은 끝이 보이지 않고, 경사는 가팔라지며 바퀴는 무겁게 느려진다. 페달을 밟을 때마다 다리에 쌓이는 피로만큼이나, 고통이 온몸에 퍼져 나간다. 숨은 목구멍에서 탄식처럼 새어 나오고, 땀은 얼굴을 타고 끊임없이 흐른다. 바로 그 순간, 마음 한구석에서 희미하게나마 불이 켜진다. 그것은 힘겨운 고갯길을 오르면서 얻게 되는 단순하고도 강렬한 깨달음이다. 이 고개를 넘는 것이 단지 '정상에 오르기 위한 것'이 아님을 깨닫는 것이다. 오히려 그 과정에서 얻는 것은 자신의 한계와의 마주침, 그리고 그 한계를 이겨내려는 의지다.

사람들은 흔히 정상의 경치나 성취감을 위해서 산을 오른다고 말하지만, 진정한 이유는 그 이상의 무엇에 있다. 바로 자신을 시험하고, 몸과 마음이 합쳐지는 그 순간을 경험하기 위해서다. 오르막길에서 한 발짝 한 발짝 더 나아갈 때, 우리의 일상에 묻혀 있던 욕망과 두려움, 불안과 회의감이 모두 짐처럼 드러난다. 그 무게를 견디며 올라가는 동안, 자신을 재발견하게 되고 짐을 하나씩 벗어내게 된다.

이 고갯길은 단지 한라산의 비탈진 길이 아니라, 우리의 인생길 그 자체와 같다. 평탄한 길에서는 결코 만날 수 없는 자신의 깊이를 만나는 곳, 고난 속에서 도리어 자유로움을 느끼는 곳이다. 피로와 갈증, 그리고 고통이 절정에 이를 때, 마치 수행자의 마음이 깨끗하게 씻기는 순간처럼, 우리는 한 조각의 평화와 마주하게 된다.

결국, 자전거로 높은 고개를 오르는 것은 인간의 내면 깊숙이 자리한 자유에 대한 갈망과 연결된다. 사람들은 자신도 모르게 한계와 고통을 넘어서려는 충동을 느낀다. 더 높이, 더 멀리, 그리고 더 자유롭게. 그래서 힘겨운 오르막길 앞에서도 우리는 페달을 멈추지 않고, 정상까지 나아간다. 그 길 위에서 깨닫는다. 고통은 잠시지만, 그 순간에 만나는 내면의 자유는 영원하다는 것을.

일흔의 한 마디

"어두운 밤이 지나면 새벽이 온다."

자전거도 뻗었다

인생은 B와 D 사이의 C : 하원 공동 목장

2023 10/07 (토) | 1100고지 종주 1일차 | 착 | 10:35 한라산 1100고지휴게소

대한민국에서 제일 높은 편의점

1100고지 휴게소는 팔각정 형태의 특이한 외관을 가졌다. 이곳에는 대한민국에서 제일 높은 편의점이 있다. 편의점 할머니 사장이 우리 보고 "폭삭 속았수다!"라고 말한다. 우리를 늙어서 폭삭 삭았다고 이야기하지는 않을 텐데 무슨 뜻인지 물어본다. '수고하셨습니다.'란 뜻이라 한다.

상품이 다양하게 구비되어 있는 편이다. 점심 메뉴로 삼각김밥, 커피, 구운 계란을 선택한다. 충전할 수 있도록 콘센트도 내어 주는 친절한 편의점이다. 제주도에 와서 충전해 주는 편의점을 두 곳이나 만났다. 그녀의 강력한 추천에 따라 붕어빵도 추가로 산다. 씹을수록 맛있다고 하는데 아무리 씹어봐도 떠날 때까지 그 뜻을 알 수가 없다.

(좌)QR 7-7-1 GS25 한라산1100고지점 / (우)영상QR 7-7-1 1100고지휴게소 도착

안내소 뒤편의 1100고지 습지가 유명하다. 돌아보는 데 15분 정도 걸린다. 겨울에 다시 와서 눈밭에 한번 빠져 보면 좋겠다는 생각이 불현듯 든다. 편의점 안쪽에 2층으로 가는 계단이 있는데 1100고지 습지 생태 사진들이 전시되어 있다. 휴게소에서 한라산 정상까지는 2시간 등산길이다.

 발 12:00 1100고지휴게소 주차장 → 27㎞/ 1h 54m 착 13:54 라꼼마펜션

QR 7-7-2 1100고지휴게소 주차장 → 솔오름전망대 → 라꼼마펜션

착 12:15 거린사슴전망대

1100고지를 출발하여 400여 m 이상 급경사 길을 내려오면 서귀포 명승지가 파노라마처럼 눈앞에 펼쳐져 있다. 거린사슴전망대다. 이 지역에 사슴이 실제로 살았다고 한다. 전망대에서 보면 우리가 지나온 서귀포 앞바다의 숲섬, 범섬, 문섬 등이 아름답게 펼쳐져 있다.

먼저 내려와 있으니, 보슬비를 맞으며 K가 조심스럽게 내려오고, 이어서 다른 팀들도 환호성을 울리면서 도착한다. 비가 오락가락하는 데다 급한 내리막길이라 조심스럽지만, 이제 많이 내려온 터라 긴장이 스르르 풀린다. 예정 코스대로 간다면 숙소까지 오르막은 거의 없을 것이다.

1100로를 따라 계속 내려오면 구탐라대학교사거리를 만난다. 안내 맵이 처음에는 로터리를 돌아 산록남로를 따라가라고 안내를 해 준다. 진행 방향 재확인을 위해 잠깐 멈춰서 내비게이션을 다시 켜니 전과는 달리 1100로를 타고 계속 내려가라고 한다. K의 내비게이션도 같은 길을 안내한다기에 의심 없이

1100로를 타고 계속 내려간다. 비가 거세지기 전에 빨리 숙소까지 가야 한다는 생각밖에 없다.

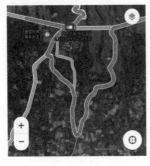

순간의 방심이 만든 고난의 길

한참을 내려가다가 V자 형태로 올라가라고 길을 다시 알려준다. 그제야 뭔가 잘못되었구나 싶었다. 지도를 보니, 내비게이션이 처음 가리킨 대로 로터리에서 산록남로로 진입해서 옆으로 가야 하는데 엄청나게 내려와 버린 것이다. 이건 분명 안내 맵의 오류지만 이상하다 싶을 땐 전체 지도를 보고 루트를 판단해야 하는 데 다급한 마음에 그만 놓쳐 버렸다. 한순간의 잘못된 선택이 이런 힘든 상황을 만든다.

인생의 여정에서도 마찬가지 아닌가. 장 폴 사르트르는 우리의 삶을 한 문장으로 이렇게 표현했다.

"인생은 B와 D 사이의 C다."

태어나서부터(B, birth) 죽음에 이르기까지(D, death) 그 사이엔 무수한 C(choice)가 존재하는 것이 바로 인생이라 했다. 매 순간 우리에게 다가오는 도전에 대해 어떤 길을 선택하느냐에 따라 나갈 방향이 달라진다. 이렇게 달라진 길을 따라가면서 또 무수히 많은 선택을 하게 되고 그 결과를 우리의 노년에서 보게 된다.

(착) **12:59 하원 공동 목장**
도리 없이 V자 형태로 길을 따라 올라가는데 엄청난 경사 길이 나온다. 어느 정도 가니 길에 철문이 달려있어 더 이상 갈 수가 없다. 안내 맵을 다시 돌려서 몇 번을 확인해도 이 길만 안내해 준다. 여기서 다시 내려갈 수도 없는 노릇이다. 내려가도 숙소에 가려면 어차피 다른 길로 또 올라가야 한다. 달리 방법이 없어서 사유지이지만 잠겨 있지 않은 문을 열고 올라간다. 길에 소똥들이 널려 있다. 하원 공동 목장이란 소 방목장이다.

헉헉거리며 자전거를 끌고 올라가고 있는데 한 무리의 소들이 다가온다. 무료하던 차에 구경거리라도 난 모양이다. 큰 눈동자를 굴리며 우리를 물끄러미 쳐다본다. 우리를 밥 주는 사람으로 생각한 건지도 모른다. 계속 올라가자 한참이나 따라오다 별 소득이 없는지 그냥 돌아간다.

조금 더 올라가고 있으니 작은 트럭 한 대가 내려온다. 이 농장을 관리하는 분이다. 농장에 무단 침입하게 된 우리의 상황을 듣고는 소 방목 농장이니 나갈 때 문단속 잘해 달라고 신신당부를 한다. 그리고 조금만 더 가면 산록남로가 나온다고 일러준다.

드디어 방목장을 빠져나와 도로에 올라선다. 로터리에서 이 산록남로를 타고 바로 왔으면 얼마 걸리지 않았을 길을 빙빙 둘러서 힘들게 돌아왔다. 시간과 체력 소모가 많았다. 한순간의 잘못된 선택에 대한 혹독한 결과다. 그래도 이제는 옆으로만 가면 된다. 더 이상의 오르막은 없다. 내일 성판악만 잘 오르면 이번 도전은 성공적으로 끝난다.

(착) 13:54 숙소 라꼼마

오늘 1100도로를 따라 한라산을 넘어왔다. 지도를 보니 새삼스럽다. 숙소에서 서귀포 바다를 본다. 잔뜩 찌푸린 하늘에 눌려 생기를 잃은 모습이 비에 젖어 움츠린 생쥐 모양을 한 우리를 닮았다.

*숙박 : 라꼼마펜션(원룸 방, 6만 원/박)

QR 7-7-3
라꼼마펜션

이른 저녁을 먹으러 나오니 비가 내리고 있다. 길에서 다 태워버린 에너지를

QR 7-7-4 돌돌이
숯불갈비 본점

돼지갈비로 보충하고 된장찌개에 밥까지 해서 배가 남산
만 하도록 먹는다.

*석식 : 돌돌이숯불갈비 본점 (064-733-7020 흑돼지 2만 원/인)

식사 후 K는 숙소로 먼저 들어가고 내일 아침거리로 컵라면, 반숙 계란, 햇
반, 김치를 사러 간다. 제주헬스케어타운에 있는 더 큐브 리조트에 편의점이
있다. 불이 환히 켜져 있는 건물이 더 큐브 리조트다. 그 바로 옆에는 리조트보
다 훨씬 큰 건물이 흉물스러운 모습으로 깜깜하게 서 있다. 중국 자본이 들어
와 제주헬스케어타운이란 이름으로 개발하면서 먼저 더 큐브 리조트를 완공하
여 영업을 시작했다. 옆의 흉물스러운 건물은 호텔인데 자금 문제로 공사 중단
된 지가 오래라 한다. 제주도의 무분별한 중국 자본 유치 문제를 목격하게 된
것 같아 씁쓸하다. 어쨌든 빨리 완공되어 제주 관광 발전에 일조하면 좋겠다.

내일 아침에 타고 넘어갈 길을 확인하고 숙소로 돌아간다. 오늘 큰비 내리지
않게 해 준 하늘이 고맙다. 내일 하루도 더 부탁한다. 숙소 입구 현관에 애마들
이 얌전히 모셔져 있는데 비를 맞은 모습이 지쳐 보인다. 이제 내일 하루 일정
만 남았다. 다시 제주로 넘어가 배를 타기만 하면 된다. 마지막까지 안전하고,
건강하고, 즐거운 라이딩이 되기를 기대하며 꿈속에 든다.

일흔의 한 마디

"인생은 우리가 내리는 선택의 총합이다."
- 앨버트 카뮈

마지막 업힐
: 성판악탐방안내소

 어제 힘겹게 올랐던 1100고지의 오르막처럼 가파르진 않겠지만, 오늘의 성판악 길 역시 만만치 않다. 게다가 비까지 내리는 것을 감안해서 일찍 일어나 서두른다. 어제 사 둔 음식으로 간단하게 아침을 해결하고 제주도의 마지막 여정을 준비한다.

2023
10/08 (일) | 5일 차
40km | 발 06:30 라꼼마펜션 → 18.1km/ 2h 착 08:33 한라산 성판악탐방안내소

(좌)QR 7-8-1 라꼼마펜션 → 성판악탐방안내소 / (우)영상QR 7-8-1 여명을 가르며 성판악탐방안내소를 향해 출발

 준비를 단단히 하고 어둠이 완전히 가시지 않은 새벽, 부슬부슬 뿌리는 빗속을 애마와 함께 길을 나선다. 검푸른 먹구름으로 조각된 어둑한 하늘이 온 세상을 고요히 누르고 있다. 새벽의 정적이 흐르는 길 위에 푸른 여명이 어슴푸레 번지고, 아직 깨어나지 않은 세상의 고요를 자전거 바퀴 소리가 흩어놓는다.
 성판악탐방안내소까지는 18.1㎞, 예상 시간은 약 2시간. 그러나 비에 젖은 도로와 급한 오르막을 고려하면 시간이 얼마나 더 걸릴지 알 수가 없다. 경사

는 여전히 심하지만 그래도 어제보다는 양호하다. 어제의 혹독한 훈련을 통해 다리 근육은 더 세졌고 정신의 맷집도 더 강해져서 엔간한 오르막도 별로 대수롭지 않게 여겨진다.

인간은 '적응의 동물'이라 하지 않던가. 전적으로 동의한다. 사람들은 편안한 환경에 안주하고 싶어 하지만, 세상은 결코 우리를 그대로 두지 않는다. 변화에 맞서 새로워지지 않으면, 공룡처럼 언젠가는 사라지고 만다. 살아남기 위해, 더 나은 삶을 위해 우리는 끊임없이 훈련하고 연습하며 변화와 마주해야 한다. 그 과정을 통해 비로소 달라진 자신과 마주할 수 있게 된다.

07:23 성판악까지 중간 지점 통과

'성판악 9㎞'. 1131번 도로 표지판이 성판악까지 이제 9㎞ 남았음을 알린다. 딱 반 왔는데, 여기까지는 안내 맵의 예상 시간 내에 들어왔다. 그것도 끝바 없이 계속 페달을 밟아왔다. 올라갈 수 있을까 반신반의했는데, 왠지 뿌듯하다. '상쾌한 피로감'이라는 표현이 딱 들어맞는다. K의 표정에도 힘든 와중에 묘한 성취감이 엿보인다.

조형물의 응원. 잘해 왔고, 잘할 거라고….

근처 카페에서 길가에 세워 놓은 조형물이, 힘겹게 올라온 우리에게 웃는 얼굴로 오른쪽 엄지손가락을 치켜세우고는 마치 '애썼다', '잘했다'고 말하며 환영하는 것 같다. 왼손가락으로는 V자를 그리며 '끝까지 완주하라'고 응원해 주는 듯한 모습에 다시 힘이 솟는다. 출발 때부터 시원찮았던 K의 자전거를 점검한 후, 다시 한번 힘차게 페달을 밟는다.

(착) 08:33 성판악탐방안내소

'성판악탐방안내소 300m 전' 지점 표지판이 우리를 반긴다. 마지막 힘을 내어 드디어 성판악탐방안내소에 올라선다. 18㎞경사 길을 끝바 없이 두 번 쉬고 2시간 3분 만에 올랐다. 제주 라이딩 전 일정에 걸쳐 마지막 긴 업힐이 마무리되었다. 한 마디로 감개무량하다.

주차장이 상당히 큰 데 비해 매점이 없다. 이렇게 많은 사람들이 오가는데 휴게 시설과 매점이 없다는 게 의아하다. 건물을 보아 이전에는 있었던 것 같은데 어떤 사유인지 없어진 모양 같다. 비에 젖지 않은 곳을 골라 앉아서 간식을 먹으며 쉬어 간다.

영상QR 7-8-2 성판악
탐방안내소 도착

여유가 생기니 건물 창문에 붙어 있는 시가 눈에 들어온다. 그런데, 그 내용이 마치 얼마 전 안장을 바꾼 내 자전거의 툴툴거리는 이야기 같아 절로 미소가 띠어진다.

그는 이제 자신의 의사를 묻지 않고
일을 저지른 나를 은근히 힐난하는 눈치다
(중략)
잔등에 처음 안장을 얹은 말처럼 자전거가 툴툴거린다
마음 같아서는 낙마를 시키고 말겠다는 눈치다

손택수 시, 「자전거 안장」 부분

QR 7-8-2 성판악탐방안내소 → 안전식당

이제는 내려가서, 동태찌개 맛집인 안전식당에 들러 속을 따뜻하게 녹이고 배를 타기만 하면 된다. 식당 찾아가다 신호 대기 중, 은행 광고판의 '속아수다 고맙수다'란 글귀가 눈에 들어온다. 속았는데 왜 고맙다고 하는 건지. 인터넷을 찾아보니 제주 방언 '속아수다'란 '수고하셨습니다'란 뜻이다. 숙제를 다 마친 후의 상쾌한 기분 때문일까, 저 광고판마저 마치 우리를 위해 오늘 아침 누군가 바꿔 달아놓은 것 같다. 묵묵히 버텨 준 나의 어깨와 다리에 마음속으로 고마움의 박수를 날린다.

착 10:00 안전식당

비 때문에 서두르다 보니 너무 일찍 도착해버렸다. 점심시간에 맞춰 식사를 하기로 한 것이 아점이 되어버린 것이다. 우리가 식당에 들어갈 때도 사람들이 많긴 했지만 앉을 자리가 있었는데 조금 지나니 대기 줄이 생기기 시작한다. 아침 10시에 줄 서는 집. 과연 제주 3대 동태찌개 집 중 으뜸이라는 소문 그대로다.

테이블에 와서도 지글보글 한숨 더 끓고 있는 동태찌개, 국물이 너무 시원하다. 순한 맛을 시켰는데 약간 매움 메뉴도 매콤하니 맛이 더 있을 것 같다. 이러니 어떻게 제주도를 좋아하지 않을 수 있을까. 뜨겁게 내놓는 찌개를 식히기 위한 소형 선풍기가 테이블마다 놓여 있는 게 또한 이채롭다.

*아점 : 안전식당(064-752-3935 동태찌개. 1만 원/인. 월 휴무. 10~14시 영업. 단, 재료 소진 시까지)

발 11:00 안전식당　　→ 1.9㎞/ 1h 18m　　착 12:18 제주항 국제여객터미널

(좌)QR 7-8-3 안전식당 → 제일사우나 → 제주항국제여객터미널 / (우)영상QR 7-8-3 제주항국제여객터미널 가는 길

배를 타기 전까지 시간이 남아, 피로도 풀 겸 비와 땀에 젖은 몸을 씻고 옷을 갈아입기 위해 사우나에 들른다. 몸도 새털같이 날아갈 것만 같아 마음마저 상쾌해진다. 가벼운 마음으로 터미널을 향한다.

12:20~ 승선 수속 및 탑승

'오션비스타제주' 호를 타고 삼천포로 돌아간다. 사람 타는 줄과 자전거 탑승 줄이 다른데 자전거 줄이 길어서 깜짝 놀란다. 오늘 나가는 자전거는 50대. 우리 들어올 때는 8대밖에 없었는데 그 사이 주말이라 많이 들어온 모양이다. 올 때보다 자전거를 더 야무지게 묶어놓고 선실로 향한다.

14:00 제주
20:45 삼천포 여객터미널 (배)

배가 거문도를 지나니 바람이 거세진다. 선상에서의 K와 함께 조촐한 해단식을 연다. 한 코스를 마무리하고 나면 늘 반성과 회고를 겸한 작은 해단식을 하곤 했다. 오늘은 음식이 너무 소박하다. 달랑 귤 두 개가 전부지만, 그것마저

도 여정의 마지막을 축하하는 소중한 선물처럼 느껴진다.

🚶 21:10 삼천포 여객터미널

삼천포에 도착한 후 숙소를 찾아 사천으로 이동한다. 마침, 진주 유등 축제 기간이라 숙박비가 꽤 비싸지만, 만족스러운 하루의 끝을 마무리하며 여유로운 마음으로 휴식을 취한다.

이제 국토완주까지 남은 코스는 단 하나, 북한강자전거길뿐이다. 본격적인 겨울 추위가 오기 전, 11월 중순 완주를 목표로 계획을 세운다. 올해가 가기 전, 계획대로 모든 여정을 마무리할 수 있을 것이다.

일흔의 한 마디

"고진감래(苦盡甘來)."

속아수다 고맙수다

두 바퀴로 완성한 꿈,
새로운 길을 꿈꾸다

: 북한강종주

8장

국토완주의
화룡점정을 찍다

1

　2021년 6월 20일. 동해안자전거길 종주에 나서면서 시작된 자전거 국토완주 그랜드슬램의 마지막 퍼즐을 북한강자전거길에서 풀게 되었다. 중간에 코로나란 복병이 나타나 시간이 좀 흘러가긴 했지만 포기하지 않으니 드디어 끝을 보게 되는 것 같다.

　집을 나서니 밤새 눈이 왔는지 차 지붕 위가 하얗다. 올해 처음 보는 눈이라 반갑기도 하지만 춘천에는 더 많은 눈이 왔을 텐데 하는 걱정이 앞선다. 춘천의 일기 예보를 확인해 보니 울산보다 기온이 많이 낮아 걱정스럽다.

2023
11/18 (토) | 발 06:30 구수리　　　　　(자가용)　　　　　착 11:07 운길산 콩마을장어

QR 8-1-1 운길산 콩마을장어

　운길산역에서 춘천으로 전철을 타고 가야 하기에 역 근처의 '운길산 콩마을장어' 식당(031-576-7687)에 하루 주차 허락을 미리 받아 놓았다.

(발) 12:00 운길산 콩마을 → 0.19㎞ / 5m(자전거) (착) 12:05 운길산역 경의중앙선

QR 8-1-2 운길산 콩마을 → 운길산역 경의중앙선

(발) 12:34 운길산역 경의중앙선 → 33m(전철) (착) 13:07 망우역 경의중앙선

(발) 13:10 망우역 경의중앙선 → 0.1㎞ / 5m(자전거) (착) 13:15 망우역 경춘선

(발) 13:41 망우역 경춘선 → 1h 24m(전철) (착) 15:05 춘천역 경춘선

(발) 15:15 춘천역 경춘선 → 4.5㎞ / 22m(자전거) (착) 15:40 춘천 삼악산호수케이블카 주차장

QR 8-1-3 춘천역 경춘선 → 춘천 삼악산호수케이블카 주차장

16:00~17:20 케이블카 탑승 및 스카이워크 전망대 탐방

삼악산 스카이워크 전망대에서 본 춘천 전경

발 17:20 춘천 삼악산호수케이블카 주차장 → 6.1㎞/27m(자전거) 착 17:50 황토모텔

QR 8-1-4 춘천 삼악산호수케이블카 주차장 → 황토모텔

QR 8-1-5
속초식당

착 18:28 **속초식당** (도보 3분. 도루묵찌개, 이면수 구이 5만 원/인)

샤워 후, 맛집으로 소문난 인근 속초식당에 간다. 원래 생태탕이 맛있다는 후기를 보고 왔는데, 주인장이 11~12월밖에 나지 않는 도루묵이 지금 제철이라고 도루묵찌개를 추천한다. 옆 테이블에서 잘 구워 맛있게 보이는 생선구이를 먹고 있기에 추가로 주문한다. 사십 몇 년 전에 K가 화천에서 포병 장교로 근무할 당시 가끔 춘천에 나와 먹었다는 이면수어(임연수어)란 물고기다. 이 고기는 북부 동해에서 나는 탓에 울산에서는 잘 보이지 않는 어종인데 구이가 간도 적당한 게 완전 밥도둑이다.

다행스럽게도 춘천에 내린 눈이 깨끗이 녹아 도로에는 흔적이 없다. 오늘 소양강 처녀상 앞에서 반가운 분들을 만나기로 되어 있다. 2021년 국토종주를 시작할 때 인천에서부터 양평까지 사촌 자형과 친구분이 우리와 함께 동반 라이딩을 했다. 이번에도 우리의 국토종주 그랜드슬램 달성을 축하하기 위해 다시 카메오[*]로 참여하여 우정 라이딩을 하기로 한 것이다.

---

[*] 카메오 : 영화나 텔레비전 드라마에 원래 캐스팅된 배우가 아님에도 불구하고 특별 출연하는 경우를 말하는데, 우정 출연이라고도 함.

발) 08:20 황토 모텔 　　　→ 2km / 7m 　　　착) 08:30 소양강 스카이워크

QR 8-1-6 황토 모텔 → 소양강 스카이워크

아침은 도보 2분 거리의 만미정에서 해결한다. 기온이 어제에 비해 많이 오른 탓에 옷을 가볍게 입고 출발한다. 소양강 스카이워크는 10시부터 오픈이라 들어가 보지 못하고 멀리서 사진만 남긴다.

발) 09:05 소양강 스카이워크 　　→ 0.4km / 1m 　　착) 09:30 소양강 처녀상

QR 8-1-7 소양강 스카이워크 → 소양강 처녀상

원래 1분 거리나 만날 약속 시간까지 여유가 있어 근처를 돌아보다 시간 맞춰서 간다.

발) 09:30 소양강 처녀상 　　　→ 6km / 23m 　　　착) 09:53 신매대교 인증센터

QR 8-1-8 소양강 처녀상 → 신매대교 인증센터

잿빛 하늘과 차가운 공기가 눈이라도 다시 내릴 것 같은 날씨다. 소양강 처녀상을 출발하여 소양 2교를 건너고, 의암호를 왼편에 두고 달린다. 20여 분 가면 만나는 신매대교를 건너서 조금만 내려가면 인증센터에 닿는다.

(발) 09:55 신매대교 인증센터　→ 31km/ 2h 13m　(착) 12:08 경강교 인증센터

QR 8-1-9 신매대교 인증센터 → 경강교 인증센터

다시 출발하여 강촌교까지 북한강을 왼편에 두고 계속 페달을 밟아간다. 북한강자전거길은 차도와 분리되어 매우 안전하고 일부 구간을 제외하고는 강변을 따라 나 있기에 시야가 시원하게 트여 지루한 느낌이 별로 없다.

(착) 10:37 삼악산 제2 매표소

40여 분을 달려 의암댐이 가까워질 무렵 삼악산 제2 매표소가 나타난다. 여기는 화장실도 있고 벤치도 있어 볼일도 보고 사진도 남기며 잠시 쉬어 간다. 관망대 난간에 기대어 의암댐 쪽 호수를 바라본다. 살짝 불어오는 바람은

수면 위에 잔잔한 물결을 만들고, 흐릿한 구름으로 덮인 회색빛 하늘은 호수에 조용히 내려앉아 내 마음을 차분하게 해 준다. 더 머물고 싶은 풍경이나 갈 길이 멀어 다시 발걸음을 내디딘다.

영상QR 8-1-9 삼악산 제2 매표소에서 강촌으로 출발

🚲 11:11 강촌

30여 분을 더 달려 강촌교를 건너면 바로 커다란 오리 조형물을 만난다. '또오리 강촌'이란 대형 오리 인형이다. 다들 이것을 배경으로 사진을 찍고 간다. 이 조형물은 천연기념물 호사비오리를 강촌역장으로 이미지화한 작품이라 한다. 서울에서 대학 다니며 MT를 가 본 사람 치고 여

영상QR 8-1-10 강촌에서 경강교 가는 길

기 와 보지 않은 사람이 없다는 강촌이다. 괜스레 학창 시절의 낭만을 문득 떠올리게 한다.

🚲 11:59 강원도, 경기도 도계 표지석
🚲 12:08 경강교 인증센터

강원도에서 경기도로 넘어가는 도계 표지석 사진을 찍기 위해 잠시 멈춘다. 조금 더 가서 경강교를 건너면 경기도다. 곧 인증센터에 닿는다.

발) 12:08 경강교 인증센터   → 27㎞/ 3h 54m   착) 16:02 샛터삼거리 인증센터

QR 8-1-10 경강교 인증센터 → 샛터삼거리 인증센터

경강교를 건너면 곧 북한강을 벗어나 경춘국도와 함께 가다 멀어지기를 반복하더니 청평에 이르러 다시 강과 만난다. 오른편 강변을 따라 내려가던 자전거는 하색1교를 건너면서 왼편 강변길로 들어선다.

(착) 13:26 청평 호반 닭갈비 막국수

여기도 줄을 서는 맛집이라 자전거, 오토바이 부대들로 시끌벅적하다. 두 분 카메오의 단골 식당인데, 매콤하면서도 젓가락이 계속 가는 춘천 닭갈비의 원조를 맛볼 수 있다.

QR 8-1-11 청평 호반
닭갈비 막국수 식당

(발) 15:04 청평호반닭갈비막국수　→ 10.5km/ 58m　(착) 16:02 샛터삼거리 인증센터

(좌)QR 8-1-12 청평호반닭갈비막국수 → 샛터삼거리 인증센터 / (우)영상QR 8-1-12 샛터삼거리 가는 길

(발) 16:05 샛터삼거리 인증센터　→ 10.5km/ 1h 3m　(착) 17:08 밝은광장 인증센터

QR 8-1-13 샛터삼거리 인증센터 → 밝은광장 인증센터

밝은 광장의 카페가 앉아 있던 덱이 덩그러니 비어 있다. 지난번 국토종주 때 남한강 길을 달리며 들렸던 곳이지만 다시 왔다. 이곳 카페에서 그때처럼 시원

한 복숭아 티를 마시며 화룡점정의 의미를 진하게 느끼고 싶어서였다. 그런데, 카페가 운길산 전철역 맞은편 자리로 이전했기에 그곳으로 걸음을 옮긴다.

ⓐ 17:19 밝은광장 바이크 카페
차 한 잔으로 함께 브라보를 외치며 북한강 라이딩과 국토종주 그랜드슬램의 달성을 자축한다. 내 인생의 한 페이지를 넘기고, 버킷 리스트 하나가 지워지는 짜릿한 순간이다!

추운 날씨에도 불구하고 라이딩에 동행해 주시고, 자전거 고장으로 고생까지 하신 카메오 두 분께 진심으로 감사드린다. 아울러 그간 고락을 함께한 K에게도 축하와 감사의 말을 전한다.

차 한 잔으로 국토종주 그랜드슬램 달성을 자축

> **일흔의 한 마디**
>
> "혼자 가면 빨리 갈 수 있지만, 함께 가면 멀리 갈 수 있다."
> - 아프리카 속담

또 다른 도전을
꿈꾸며

이 글을 적어 내려가면서도 문득, 꿈속을 걷고 있는 듯한 기분이 든다. 삶의 궤적을 되돌아보면, 정말 기적 같은 일들의 연속이었다. 산을 넘고 물을 건너면, 그 너머엔 또 다른 산이 기다리고 있었다. 칠십의 나이의 이 무모한 도전 또한 스스로 선택한 또 하나의 산이었을지도 모른다.

"그렇게 힘든 걸 왜 하세요?", "다치면 어쩌려고요?", "나이도 생각해야죠." 국토종주를 시작한 후로 수없이 들었던 이야기들이다. 이 모두가 나를 진심으로 걱정해 준 말임을 안다. 그러나 결국, 이 모든 말들은 내가 마주한 산을 넘는 과정이었다. 이번 여정에서 수많은 산을 넘었다. 너무 가파르고 험해 포기하고 싶을 때도 많았다. 하지만 그때마다 나를 붙잡아 준 건, 이미 수많은 산을 넘고 지나오면서 경험한, 기적 같은 내 삶의 궤적이었다.

"사는 게 산 같아서"
우리 가족이 오랫동안 다니는 동네 병원의 벽에 붙어 있는 짧은 문구다. 볼 때마다 내 지나온 삶을 말하는 듯하여 가슴이 찡하다. 고요하고 평온하기만 한 인생을 사는 사람은 찾아보기 힘들다. 사람마다 각자의 삶의 문을 열고 들어가 보면, 크고 작은 상처와 아픔이 그 안에 있다.
인생은 끝없이 펼쳐진 능선과 같다. 힘겹게 한 고개를 넘으면 또 다른 고개가 기다린다. 그 고개의 끝이 어디인지, 얼마나 많은 고개가 더 남았는지 모르는 채 걸어간다. 내가 마주한 산들은 육체의 고통과 함께 마음을 힘들게 했다. 그러나, '세상에는 나쁘기만 한 것은 없다'고 했던가, 많은 깨달음도 얻게 되었다.

초등학교 2학년 무렵이었다. 한밤중 갑작스러운 고열과 복통에 몸을 웅크리고 구르던 나를 어머니는 부리나케 동네 의원으로 데려갔다. 진찰을 마친 의사는 굳은 표정으로 어머니에게 말했다. "위험합니다. 급히 큰 병원으로 가셔야 합니다. 맹장이 터져 복막염이 된 것 같습니다." 그 시절, 의료 기술이 지금처럼 발달하지 않았기에 급성 복막염으로 목숨을 잃는 일이 흔했다. 나는 거의 의식을 잃은 채 시내 외과 병원으로 실려 갔고, 몇 시간에 걸친 대수술 끝에 겨우 목숨을 건졌다.

"너는 서외과 원장님 덕분에 살아난 거야. 조금만 늦었어도 황천길 갈 뻔했단다."

어머니는 외아들의 생명을 살려 준 의사에 대한 고마움을 입버릇처럼 늘 이야기하셨다. 그렇게 첫 번째 산을 무사히 넘고 살아남았다.

이후 학업을 마치고, 건강하게 직장 생활을 시작하게 되었다. 담당 업무는 설계였다. 당시에는 컴퓨터가 아닌 제도판에 자를 대고 줄을 그으며 도면을 그리던 시절이었다. 어느 날, 제도판을 붙들고 씨름하던 중 갑자기 찌르는 듯한 통증과 함께 가슴이 조여 오면서 호흡이 힘들어졌다. 가슴을 부여잡고 제도판 위에 그대로 엎어지고 말았다. 숨을 제대로 쉴 수 없었다. 한 번도 경험하지 못한 엄청난 통증이었다. 이러다가 호흡이 끊기면 그냥 가는구나 싶었다.

동료들의 도움으로 응급실로 옮겨졌고, 진단 결과는 기흉이었다. 허파 꽈리의 일부가 터져 공기가 새어 나온 상태라고 했다. 수억 개의 미세한 구조물들로 이루어진 허파의 작은 꽈리는 산소와 이산화탄소를 교환하는 중요한 역할을 하는데 이게 문제가 생겼다. 옆구리에 작은 구멍을 내고 튜브를 삽입해 새어 나온 공기를 빼는 치료를 받았다. 마치 어둠이 서서히 걷히는 듯 숨이 막히던 고통이 잦아들었다. 0.1~0.2㎜의 작은 폐포가 사람의 생명을 위협할 수 있다는 사실이 경이로웠다.

우리 몸의 모든 부분은 각각 소중한 역할을 지니고 있다. 작고 보잘것없어 보이는 그 무엇도 제 기능을 잃으면 온몸이 함께 고통스러워진다. 이처럼 우리 또한 태어남과 동시에 신성한 가치를 부여 받은 소중한 사람들이다. 나 역시 고귀한 존재임을, 그리고 이 세상 모든 사람이 그러함을, 또 하나의 험난한 산을 넘으며 다시금 깨달았다.

다시 회사 생활을 건강하게 이어가던 어느 겨울이었다. 우리가 살던 사택은 겨울에는 웃풍이 심해 온돌만으로는 추위를 잡을 수 없었다. 그 당시는 흔한 풍경이었지만 방 안에 연탄 난로를 때는 집이 많았다. 연탄가스 중독 사고 기사가 연일 신문 사회면을 장식하고 있던 때였다.

어느 날 밤 나 혼자 집에 있었다. 무단결근을 한 적이 없던 내가 다음 날 출근 시간이 지나도 나타나지 않자, 이상하게 여긴 동료가 경비실에 연락해서 우리 집에 가 보라고 했다. 아무리 문을 두드려도 반응이 없었다. 문은 굳게 잠겨 있었고, 연탄가스 냄새가 매캐하게 풍겨 나왔다. 경비원 중 한 사람이 가스관을 타고 창문 너머를 들여다보았다. 방안에는 사람이 널브러져 있었다. 창문이 열리자마자 연탄가스가 거센 파도처럼 밀려 나왔다.

주위에서 들려오는 소리가 꿈결처럼 아득했고, 몸은 마치 아메바처럼 힘없이 풀어져 있었다. 연탄가스를 과하게 마신 탓에 일산화탄소 중독에 걸린 것이다. 반쯤 정신을 잃은 채 앰뷸런스에 실려 응급실로 옮겨졌다. 고압 산소 치료를 위해 산소통에 들어가자, 압력이 높아지며 귀가 찢어질 듯 아파졌다. '죽음에 이르게 되면 이런 고통이 따르는 것일까?' 싶었다.

긴 시간이 흐르고 나서야 다행히 큰 후유증 없이 일상으로 돌아왔다. 그때 이웃의 신고 덕분에 살아날 수 있었다. 그 이웃은 지금도 내 마음속에 두 번째 생명의 은인으로 남아 있다. 우리는 이웃의 온정 속에서 살아가는 존재임을 다시 한번 깊이 깨닫게 되었다.

오랜 직장 생활을 마무리할 무렵, 허리가 망가졌다. 여러 치료를 받았지만 모두 하나같이 걸으라는 처방을 내렸다. 시간만 나면 강변 고수부지에 나가 아픔을 견디며 걸었다. 그날도 자전거 도로 옆 강변 산책로를 따라 한참을 걸었다. 잠시 쉬려고 자전거 도로 너머 벤치를 바라보며 무심코 도로를 건넜다. 건널목이 눈앞에 있었지만, 별생각 없이 발을 내디뎠다. 갑자기 천둥 치는 소리가 울리며 정신을 잃었다. 얼마나 지났을까? 눈을 떠보니 땅바닥에 쓰러져 한쪽 팔을 베고 옆으로 누워 있었다.

뒤에서 달려오던 자전거가 나를 미처 피하지 못하고 내 옆구리를 들이받았다. 잠깐의 기절 후 정신을 차려보니 주위 사람들이 둘러서서 괜찮은지 걱정스럽게 물어보고 있었다. 몸은 쉽게 움직여지지 않고, 머리는 멍했다. 상황을 살펴보니, 넘어지는 순간 내 한쪽 팔이 머리 밑으로 들어가 '팔베개'를 하듯 받쳐주었다. 팔이 머리의 충격을 막아주어 뇌진탕은 피할 수 있었다.

하늘이 나를 도왔다. 한동안 일어나지 못한 채 누워 있다가 천천히 몸을 일으켰다. 타박으로 인한 상처는 있었지만, 다행히 큰 부상은 없는 듯 느꼈다. 자전거를 타던 사람의 연락처를 받고 그냥 보냈다. 시간이 가면서 상처도 아물어 가고 다른 특별한 통증을 느끼지 못했다. 며칠 후, 그의 눈가에 찢어진 상처가 마음에 걸려 안부 전화를 하고는 이 일을 잊고 있었다.

그러던 어느 날, 샤워 중에 양쪽 가슴을 유심히 살펴보았다. 갈비뼈 모양이 좌우가 다르게 변해 있는 것이 아닌가. 그때의 충격으로 갈비뼈가 틀어졌다. 인간의 몸은 참으로 신비롭다. 연약해 보이는 갈비뼈가 자기 몸을 내던져 내 장기를 지켜주었다는 생각에 고마움이 새삼 밀려왔다. 이렇게 또 하나의 고개를 넘었다. 예상치 못한 경험들이었지만, 세상에 의미 없는 경험은 없다고 한다. 그때마다 느낀 생각과 감정들은 내 삶 속에 스며들어 나를 더 성숙하게 만들어 주었다.

　돌아보면, 벌써 몇 번이나 다른 세상에서 살고 있어야 할 삶이다. 그런데도 모두 잘 극복해 왔고 아직도 맑은 정신에, 건강하게 살아가고 있다는 사실이 그저 신기하고 고마울 따름이다. 잦은 병치레를 하던 어린 시절엔 나를 늦게 낳아 준 부모를 원망한 적도 있었겠지만, 어떤 산을 만나도 넘을 수 있는 몸과 마음을 주신 부모님이 그저 감사할 뿐이다. 또한 이웃의 도움 덕분에 오늘의 내가 있음도 마음 깊이 새긴다.

　살아오면서 내가 선택한 산이든, 피치 못할 산이든, 많은 산을 넘어왔다. 이제 남은 인생의 마지막 고개가 될지 모를 종착역이 다가오고 있지만, 또 어떤 산을 만날지, 선택하게 될지 알 수 없다. 다만, '사는 게 산 같음'을 진즉 깨달았기에 그리 두렵지 않다.

　내가 스스로 선택한 자전거 국토완주의 산을 넘으며 다시 한번 깨달았다. 내가 마주한 산은 결국 하늘 아래 있는 산이며, 넘을 수 있는 산이라는 것을.

　"포기하지 마라. 고통은 일시적이지만, 포기는 영원한 상처를 남긴다."

　암을 극복하고 전설이 된 사이클리스트 랜스 암스트롱의 말이 다시 떠오른다. 인생의 황혼에 이르면 사람들이 가장 많이 후회하는 것은, '무엇을 해볼걸' 하는, 해보지 못한 것들에 대한 아쉬움이라 한다.

　그래서 나는 지금, 침침한 눈을 비비며 이 글을 쓰고 있다. 국토완주 자전거 길의 정보와 칠십 나이에 경험한 또 다른 삶과 도전의 이야기를 사람들과 나누고 싶은 마음에서다. '70대 자전거 국토완주기', 이것이 이 여정을 마무리하며 꾸었던 또 다른 꿈이자 넘고자 한 산이다.

　이 책 쓰기의 산을 넘고 나면, 또 다른 산을 만나러 나설 것이다. 내 위시 리스트에는 아직 넘지 않은 산들이 나를 기다리고 있다.

"포기하지 마라. 고통은 일시적이지만, 포기는 영원한 상처를 남긴다."
- 랜스 암스트롱

끝까지
걸어가기

뒤돌아보니 정말 많은 길을 누비고 다녔다. 북쪽으로는 고성통일전망대, 서쪽으로는 정서진과 금강 하굿둑, 남으로는 섬진강과 영산강 그리고 낙동강 하구, 동으로는 동해 바닷길. 거기에다 4대 강과 제주도 해안을 따라 또 달렸다. 지금도 눈 감으면 그곳에서 떠올랐던 생각과 감흥이 다시금 느껴진다. 38선 휴게소에서 느꼈던 자유의 고귀함, 하조대해수욕장에서 본 빛 내림의 경건함, 수안보 길에서 맞은 폭포수 같은 폭우의 청량함, 이화령에서 느림과 끈기의 미학을, 한라산에서는 극한의 고통 속 '참을 인' 자를 찾았다.

이 길에서 나오는 다른 많은 사람을 만나고 색다른 문화와 음식도 맛보았다. 아버지와 함께 한여름 땡볕 아래에서 국토종주하던 어린 학생, 두 번째 국토종주 중인 5인 가족, 국토완주 중인 금슬 좋은 부부, 해 지도록 놓고 간 물건 주인 기다리던 배려 깊은 분들. 특별한 상풍교한옥게스트하우스 주인장, 양심을 파는 '아라서 양심판매대', 오아시스처럼 나타난 삼랑진 물 파는 가게, 공주에서 먹은 짜글이, 제주의 고등어회. 이 모든 사람을 다시 만나 보고 싶고, 다시 가 보고 싶고 또 먹고 싶다.

무엇이 이토록 페달을 멈추지 못하게 했을까. 적지 않은 나이에 체력적인 고통과 정신적인 압박감 속에서도 매번 다시 세상 속으로 들어가 포기하지 않고 자전거 국토완주를 달성할 수 있었던 것은, 우리가 사는 이 금수강산의 아름다움을 피부로 느끼고, 사람들의 향내를 맡고 싶었기 때문이었다. 그 향내는 바로 사람들의 이해와 배려 그리고 용기에서 나오는 것들이다.

우리는 모두 언젠가는 삶을 정리할 때가 올 것이다. 어떤 사람은 생을 마감하는 그날까지 재산을 열심히 모으고 잘 관리해서 자식들에게 물려주기를 원하고, 어떤 사람은 남은 재산으로 부부가 안락하고 멋진 삶을 살다 가기를 원한다. 또, 혹자는 삶을 돌아보고 정리하면서 무언가 남겨두길 원한다. 이렇듯 사람마다 원하는 바가 다르겠지만 나는 살아온 흔적과 아이들 어린 시절을 정리한 책을 만들어 남겨주고 싶었다. 인생은 우리가 인식하지 못하는 우연들의 연속이라 했던가, 우연찮게 책 쓰기 프로젝트에 참여하게 되고 중간에 포기하지 않고 끝까지 걸어간 결과 여기에 이르게 되었다.

이 책이 나오기까지 힘이 된 최영원 작가와 나다움스쿨 책 쓰기 13기 동기들, 멋진 책이 되도록 아낌없이 조언을 해 준 미다스북스의 이다경 편집장, 그리고 인생의 긴 여정을 함께해 온 사랑하는 아내와 가족들, 자전거 국토완주 내내 고락을 같이 한 K에게 깊은 감사의 마음을 전한다. 아울러 독자들이 이 글을 통해 작은 영감이라도 얻어 각자의 삶에 조금이나마 도움이 된다면 더 큰 영광이 없겠다. (End)

먼 곳을 향해서

부록

QR 및 링크 모음

부록

*아래 QR 및 영상QR 모음들을 핸드폰으로 인식시켜서 프린트를 하여 보관하면 본 도서를 소지하지 않은 경우라도 자료로 유용하게 활용할 수 있음.

1. 코스, 장소별 QR 및 링크 모음

(https://www.polarisoffice.com/d/2RRkzgzw)

*차량 및 도보 이동 장소는 네이버맵으로, 자전거로 이동한 코스 및 장소는 카카오맵으로 링크 걸어놓았음.

2. 영상QR 모음

(https://www.polarisoffice.com/d/2RRku9Jj)